段锦云 等 著

开悟

中国人民大学出版社
·北京·

如同任何一个复杂的重大课题一样，关于智慧的学说广深如海，且众说纷纭。

认识自己是一种智慧。苏格拉底以德尔斐神庙的铭言做自己的座右铭——"认识你自己"。大哲学家一辈子都在思考这个问题，我们普罗大众一定更被困其中。自我概念清晰性（self-concept clarity, SCC）反映了认识自己的程度。如何提高自我概念清晰性，是我们毕生都需要思考，也都在思考的大课题。

懂得世界的复杂多元和事物之间的联系，是一种智慧。外在世界有多复杂，人的内心世界就有多复杂。懂得了这一点，你就会淡然而不过敏。明白了事物的联系性，你就能发现更多的规律，从而为自己做事情找到指引或依据。而认知复杂性（cognitive complexity）反映了理解世界的复杂性和联系性的程度。如何提高认知复杂性，也是我们终生必修的课题。

善于做选择是一种智慧。懂得分析利弊，平衡付出和回报、眼下和长远、自己与他人，是人生的大智慧，这需要学习、需要历练。如何学会做选择，也是我们终生必修的大课题。

会说话是一种智慧。能说出别人潜意识里所想的；在紧张场合的一句机敏提问，哪怕是很天真的问题；在尴尬时的一句幽默；在别人需要的时候的一句赞美；哪怕是讽刺别人，都体现了说话者的智慧。

学会做减法，学会放手，虽是生活的小智慧，但也是人生智慧。有好处时让别人先选择最后常常更有收获；朋友不是越多越好；财富跟幸福不成正比……佛教中说，"戒生定，定生慧"。苏格拉底说，"智慧是知道如何按照自然规律过简单的生活"。老子说，"人法地，地法天，天法道，道法自然"。

儒家说"中庸是智慧"，佛家说"智慧是般若"，道家说"道即智慧"。

智慧如水，它是流动的、柔软的，也是自然的。最高的智慧就如最纯净的水，它或者经由层层渗透、长期过滤而成，或者经由高温蒸馏、点滴积累而成。

哲学就是爱智慧。人生的一大走向是成为"哲学家"，即追求智慧。偏离了这个路径是可悲的。通常，智慧也只有阅历丰富、历经磨难的人才可获得，恰如黑格尔所言，"密涅瓦的猫头鹰只在黄昏才起飞"。

智慧是怎么来的？大体上部分来自遗传，即来自父母的良好基因，这是老天爷赏饭；更多来自后天，包括个人的主动学习，丰富的人生阅历，尤其是挫折经历，以及爱思考的习惯，等等。

有智慧了一定会过好这一生吗？当然不是。正如聪明不足以让你脱颖而出，智慧也不足以保证你拥有完美的人生，因为社会大环境会左右个人的福祉。虽是这么说，但有智慧的人会更大概率过上美好的生活，因为通常有智慧的人的成功概率比没有智慧的大。不过请记住，凡事都有例外，一切都是概率事件。世界是连续的，而不是"是或否""全或无""黑白分明"的。

更根本的，一个人有了智慧，便更有可能明白自己生活的意义，从而懂得享受自己所拥有的，这无关外貌、财富和权力。恰如佛家言"莫向外求"，或如儒家言"行有不得，反求诸己"，或如道家言"上善若水，水善利万物而不争"。更通俗地，或如杨绛所言，"世界是自己的，与他人毫无关系"。年龄越大，我们越会认识到这一点，也越需要认识到这一点。

罗素曾感慨：世界上真的存在智慧这种东西吗，还是看起来只是极其精练的愚蠢？这还真是个无解的难题。用禅宗的话来说就是，"（智慧）说不得，一说就错"。

你看，关于智慧，古今哲人其实都说过了，而我们则只是在大海边远眺，然后把那所见之一隅与你分享。这仿佛是一个无畏的少年去远航，他一定是冲动的、幼稚的甚或是不智的，但少年的勇气兴许是可嘉的。

段锦云

2023 年 7 月

目录

// 中篇 //
智慧本源

// 下篇 //
赋能人生

洞察生活

01 赢得了成功应该与朋友分享吗?

想象一下,你在一次考试中取得了好成绩,或者升职加薪了。如果有机会的话,你会和别人分享成功吗?

通常,人们渴望给别人留下好印象,特别是对于自己的能力。然而,你也会担心朋友对你的成功会做出怎样的反应,因为你或许会顾虑,分享成功可能会让朋友嫉妒,进而损害你们的关系。那么,成功了我到底应该与朋友分享吗?

中国的传统文化更多地教导我们中庸之道:满招损,谦受益;静水流深。这些智慧自然有其合理之处,但在现代复杂的人际关系中,一味地追求锦衣夜行、闷声发大财而隐藏成功,或许会适得其反。

隐藏成功是指故意隐瞒关于自己成就的正面信息。Roberts 等人(2021)的研究发现,隐藏成功不利于人际关系!

1. 隐藏成功的代价

尽管隐藏成功在日常生活中比较普遍,但这可能要付出社会性代价。

隐藏成功会损害人际信任,降低亲密度。分享好消息并对他人的成功表示兴奋,这是亲密关系的准则,也预示着关系的成功。因此,隐藏成功违反了在友谊中相互披露的准则,并传递出这样一种信号，即赢得成功一方预期对方会嫉妒而不是为你感到高兴。

例如，想象你最近升职了，如果你告诉朋友，朋友大概不会奇怪你为什么告诉他，或许会觉得这是你们关系亲近的表现。但如果你的朋友发现你对他隐瞒了升职的消息，他反而会介怀，因为他可能认为你对他的隐瞒是出于担心遭到嫉妒。

2. 研究过程

Roberts 等人（2021）进行了 1 项初步研究和 7 项正式研究，探讨隐藏成功的后果：包括在广泛的个人和职业成功中以及在许多不同类型的关系中，这些关系涉及家庭成员、朋友、同事、情侣和同学。

在初步研究中，研究者记录了日常生活中隐藏成功的普遍性。

在研究 1 中，研究者招募了 153 对来自美国中西部一所大学的学生，并随机分配一名参与者作为沟通者（52% 为女性；平均年龄为 29.58 岁），一名参与者作为沟通对象（51% 为女性；平均年龄为 30.07 岁）。所有参与者在实验开始前都认识对方：48% 是朋友，17% 是同事，14% 是恋人，12% 是配偶，5% 是家庭成员，3% 是熟人，1% 是其他关系。结果发现，隐藏成功是一种代价高昂的关系策略，向关系密切的伙伴隐瞒成功会付出关系、行为和情感上的代价。

在研究 2 中，研究者招募了 403 名参加 MTurk 线上调查的被试，53% 为女性，平均年龄为 35.77 岁。采用 2（情境：减肥 vs. 加薪）×2（先前了解：已知 vs. 未知）×2（决定分享：分享 vs. 隐藏）的混合设计。情境是被试内设计，先前了解和决定分享是被试间设计，目的是探讨当沟通对象已知或未知沟通者成功时，分享与隐藏成功的后果。结果发现，无论沟通对象已知或未知沟通者的成功，隐藏成功都会降低幸福感。但在未知成功的情况下，隐藏成功会降低更多的幸福感。同时，相比分享成功，对于沟通者隐藏成功沟通对象会感知到更多的侮辱和更少的亲密。

在研究 3 中，研究者招募了 114 名学者，52% 为女性，平均年龄为 37.02 岁，考察隐藏成功如何影响信任和合作意向。结果发现，隐藏成功会削弱人际信任和合作意向。

在研究 4 中，研究者在美国三所大学招募了 288 名本科生，53% 为女性，平均年龄为 20.13 岁。采用 2（决定分享：分享 vs. 隐藏）×2（结果：成功 vs. 失败）被试间设计，通过比较隐藏成功和隐藏失败来更详细地探讨这一机制。结果表明，不管沟通者隐藏成功还是隐藏失败，沟通对象都会感受到同样的侮辱。隐藏成功比隐藏失败更能反映出沟通者有家长式的动机。

在研究 5 中，研究者招募了 299 名成人被试，40% 为女性，平均年龄为 26.50 岁。采用 2（决定分享：分享 vs. 隐藏）×2（场合：公共 vs. 私人）被试间设计，研究隐藏成功在公共场合或私人场合的影响。结果发现，在公共场合或私人场合中隐藏成功的影响没有显著差异。

在研究 6 中，研究者招募了 207 名本科生和 107 名 MBA 学生，52% 为女性，平均年龄为 24.07 岁，探讨沟通对象是直接知道还是间接知道沟通者隐藏成功或分享成功对印象管理的影响。结果发现，沟通对象间接知道沟通者的成功时，会感受到侮辱。同时，隐藏成功对印象管理的影响是复杂的，它降低了人对能力和热情的感知，但增加了人对谦虚的感知。

在研究 7 中，研究者招募了 99 名高中生，62% 是女性，平均年龄为18岁。采用2（决定分享：分享 vs. 隐藏）× 2（关系：亲密 vs. 疏远）的混合设计，决定分享是被试内设计，关系是被试间设计。研究者比较了在亲密关系和疏远关系中隐藏成功的后果。结果发现，在亲密关系中隐藏成功的危害性明显大于在疏远关系中隐藏成功。

3. 结语

取得成功后，人们会面临两难选择：是分享成功还是对别人隐瞒？

你隐瞒成功，朋友对你隐藏成功的反应是消极的，因为这标志着家长式动机。

家长式动机（paternalistic motives）是这样一种动机，即沟通者假定沟通对象将受到他们成功的威胁，并试图保护沟通对象的情感。

所以，如果你想与他人保持良好关系，分享成功是比隐藏成功更有效的沟通策略，尤其是对朋友。

当升职加薪、减肥成功、考入理想的学校时，把成功的喜悦与身边人分享，是一种信任和亲密的表现。所以，大胆分享你的成功吧！

参考文献

Roberts, A. R., Levine, E. E., & Sezer, O.. (2021). Hiding success. *Journal of Personality and Social Psychology*, 5, 1261-1286. http://dx.doi.org/10.1037/pspi0000322.

（李彩姣　段锦云）

02　捐赠时间比捐赠金钱更有道德

李小稳需要选择一个合作伙伴，并希望对方是有道德的。他现在有两个候选人，但所知信息有限：

A：不吸烟、不喝酒、素食主义，长年着装朴素，不热衷额外消费；

B：吸烟、喝酒、过度消费。

李小稳会选谁呢？

刘大帅说："应该选 A，A 的自控力更强。有良好的自控力和意志力对形成好的道德品质非常重要，这说明这个人具备发展其他美德的基础，能很好地遵守社会规范。而且，研究发现，人们对自控力强的伙伴会更信任，因为他们认为这是产生良好社会结果的必要条件（Righetti & Finkenauer，2011）。"

王中滑表示不同意，他反驳道："道德和自控力有关系吗？两者是独立的！就拿减肥来说，你能说一个经常吃水煮菜的人就比爱吃麻辣香锅的人更有道德吗？你能说一个热衷运动的人就比'宅男'更有道德吗？"

这时，钟老雪发声了："其实，人们确实会认为自控力和道德有关系。总的来说，在确定的非道德领域，自控力强的人确实会提高人们对其道德品质的评价；但是对于自控力弱的人，人们却并不认为这个人的道德有问题。"钟老雪随手甩出一篇文献。"这不，这篇文章就研究了这个问题。"

三人齐齐摇头表示不想看文献。"还是您老用通俗易懂的话给我们讲讲吧。"

钟老雪嘟囔了一句"都是懒蛋"，但还是开口讲了起来：

"人们在判断一个人的道德如何的时候，会根据这个人的意图和能力两个因素。也就是说，看他想不想做好事和有没有做好事的能力。自控力更多涉及的是有没有做好事的能力。但判断道德时意图是主要决定因素。一个人有做坏事的意图，哪怕这个人没有实施伤害的能力，这个人也会被感知为道德品质不佳（Gai & Bhattacharjee，2022）"。

此时刘大帅听不明白了："但 A 和 B 都没有意图啊，为啥我就觉得 A 的道德水平会更高一些？"

钟老雪回应道："一般来说，在没有任何关于个人意图信息的情况下，人们通常会假设意图是好的（Cacioppo et al.，1997）。所以，自控力就被看成一种实现好的结果和成为一个好人的能力。你因此就会觉得 A 好像更有道德感。"

听到这里，三人表示懂了。李小稳总结道："那是不是可以这么理解，我们在判断一个人的道德的时候，会依据意图和能力两个指标，但主要判定依据还是意图。意图做坏事时，即使这个人自控力强，人们也会觉得他道德不好。但现实生活中，意图信息往往不那么明显。当缺乏意图信息时，人们常常会自动假定其意图是好的，于是进行下一项判断，即实施意图的能力。这时，自控力强的人看起来就要比自控力弱的人更有道德，因为自控力强的人会有办法实现自己的道德目标。但是对于自控力弱的人，人们因为先前已经自动判定其意图是好的了，所以也不会觉得他道德不佳。"

钟老雪点头："就是如此。"

王中滑说："人们对道德的感知还挺有意思的，钟老您还知道什么跟道德有关的研究或事情吗？"

钟老雪刚要反手甩文献，三人齐齐按住他的手："还是讲讲吧，别让我们看了。"

钟老雪翻了个白眼，无奈地放下手。看了看三人期盼的眼神，慢悠悠说道："确实有一件事，隔壁谷不易最近碰到的事就跟这个有关系。"

"谷不易要竞选社区干部，其中有个很重要的指标是捐赠。谷不易本来以为自己稳赢，因为他去年一年捐赠的数额算是候选人里最高的了。但另一位捐赠数额远少于他的人当选了，因为那个人的志愿服务时间最长。"

刘大帅说："这没问题啊，要是我，我也选志愿服务时间最长的人。时间就是金钱，在现代社会，时间可比钱值钱多了。"

王中滑又不同意了："那也得看具体情况吧。比如说给灾区人民盖房子，一种情况是捐钱，用钱雇用专业的建筑工人去盖房子，另一种情况是自己花时间盖。问题是我会盖吗，即便会，我的效率也比专业的建筑工人差远了，帮忙也不能人尽其用。我还不如用那些时间来赚钱，赚的钱更多，然后捐的钱也更多，这样造福范围不是更大吗？"

李小稳一听两人说的都有道理，一时不知道如何是好，又来催钟老雪："钟老，这到底是怎么回事？"

钟老雪转身喝了口茶，咂巴咂巴嘴说："想知道是怎么回事吗？自己看文献去！"

三人急了，又是捏肩又是捶腿，把钟老雪伺候了半天。

钟老雪摆摆手说："这篇文献是这么说的——人们认为捐赠时间比捐赠金钱在道德上更值得称赞，更能体现道德品质。即使花时间的人产生的价值和花钱的人产生的价值相同，人们也还是会这么认为（Johnson & Park，2021）。"

三人眼巴巴地问："为什么呢？"

钟老雪继续说道："之所以会出现这种道德偏好，是因为人们将捐赠时间视为投入更多情感的信号。想想看，就以给灾区人民建造房子为例。王中滑尽管你并不专业，但是你在建造房子的过程中，会更多地想到这些灾区人民，会考虑什么样的房型适合他们，房间内的各类构造如何设计可以更好地惠及他们。但当你仅仅捐钱时，这种考虑就会少了很多。所以，即使你自己去造房子的效率并不高，但你投入的情感更多，人们会认为这种情况下捐赠时间比捐赠金钱更能显示一个人的道德感。"

李小稳大呼道："怪不得我女朋友总怪我不陪她，还说什么'看一个人爱不爱你，并不是看他为你花了多少钱，而是看他为你花了多少时间'，原来这还是有道理的。"

钟老雪看了眼李小稳，继续解释道："此外，人们会把时间看作自我的一部分。当人们这么看时，捐献时间在主观上确实会更昂贵，因为一个人正在放弃自我中更大的一部分。"

王中滑马上接嘴道："所以，李小稳不愿意花时间陪女朋友，可能是因为在他的自我中，其他部分比女朋友更重要。"

李小稳立刻反驳道："我可没这么说。"

"好啦，我要去看新的文献了，你们自己琢磨去吧。"钟老雪起身离开，剩下三人还在激烈地讨论着。

参考文献

Cacioppo, J. T., Gardner, W. L., & Berntson, G. G.. (1997). Beyond bipolar conceptualizations and measures : the case of attitudes and evaluative space. *Personality and Social Psychology Review*, 1 (1), 3-25. https://doi.org/10.1207/s15327957pspr0101_2 .

Gai, P. J., & Bhattacharjee, A.. (2022). Willpower as moral ability. *Journal of Experimental Psychology. General.* https://doi.org/10.1037/xge0001169.

Johnson, S. G. B., & Park, S. Y.. (2021). Moral signaling through donations of money and time. *Organizational Behavior and Human Decision Processes*, 165, 183-196. https://doi.org/10.1016/j.obhdp.2021.05.004.

Righetti, F., & Finkenauer, C.. (2011). If you are able to control yourself, I will trust you : the role of perceived self-control in interpersonal trust. *Journal of Personality and Social Psychology*, 100 (5), 874-886. https://doi.org/10.1037/a0021827.

（陈佳昕）

03 恋爱中怎么送礼物？

恋爱中双方互相赠送礼物能够促进感情升温已经是不争的事实，再加上当代年轻人强烈的仪式感，在生日、情人节双方互送礼物已然成为恋情中最重要的事情之一。

许多男性为了显示自己的大方和对女性的爱意，会给女朋友买手链、项链等十分贵重的礼物。的确，贵重的物品可以显示一个人的财富、地位和能力，这对于男性在择偶方面是很有利的。然而，女性却并不是对所有的贵重礼物都喜欢，有些时候，女性会对普通礼物更有好感。

在蝉联了五届艾美奖最佳喜剧奖的美剧《摩登家庭》(*Modern Family*) 中，Jay 在他和 Gloria 的结婚纪念日这天送给 Gloria 一只他亲手制作的兔子陶罐，心意满满。Gloria 准备的礼物则是一只十分华丽的手表，而且 Gloria 以为 Jay 把送给她的手链藏在了陶罐里，结果把陶罐砸开却发现空无一物。Jay 尴尬之余只好编了个谎话蒙混过关，并跑去给 Gloria 买她喜爱的手链……

很多男性看到这里会不会倒吸一口凉气，更加坚定了要买贵重礼物的想法呢？但是，停！在你出发去奢侈品店之前，请先思考一下，你们的恋情进展到哪一步了。

最近的一项研究发现，在恋情的初始阶段，女性会更喜欢收到普通礼物，而不是奢侈礼物。在恋情初期，关系双方的交往准则是"交换原则"（exchange norm）。女性在收到贵重礼物的时候会产生一种义务感、亏欠感，甚至会担心这会造成双方关系中的权力不对等（relationship power imbalance）现象。出于这种担心，女性对贵重礼物的好感自然而然就下降了。

剧中的 Jay 和 Gloria 已经结婚六年了，他们的关系是确定的并且是稳固的。随着关系的逐渐成熟，恋爱双方的交往准则逐渐由"交换原则"过渡到了"共同原则"（communal norm）。这个时期的恋爱双方基本已经融为一体，"你的就是我的，我的就是你的"，不会再有很强烈的义务感或是亏欠感。虽然贵重礼物导致女性对权力不对等的担忧依然存在，但这时候的女性也会考虑贵重礼物在一定程度上代表了男性对这段感情的投入和认真程度。此时，女性综合这两点考虑后通常会对礼物做出不一样的判断。

除此之外，女性对权力距离的信念（power distance belief，PDB）在对权力不对等的担忧和对礼物的态度之间起到了调节作用。权力距离原本是国家层面的名词，高权力距离指的是人们普遍对等级划分、权力不均的接受程度高。低权力距离则相反。这里的权力距离信念是个人的特质或信念，具有高权力距离信念的个体更能够接受权力的不均匀分配。研究发现，低权力距离信念的女性（比如欧美女性）对关系不对等的担忧越多，她们对贵重礼物的喜爱程度就越低；而高权力距离信念的女性（比如东方女性）则不存在类似现象。

总之，在刚刚开始的恋情中，对于女性，尤其是对于低权力距离信念的女性而言，贵重礼物很有可能会对双方关系中的权力对等带来威胁，因此她们更喜欢收到普通礼物。而在确定的、成熟的恋情中，女性会考虑贵重礼物象征着男性对这段关系的付出和投入，从而改变对礼物的喜爱程度。

这项研究告诉我们，男性在恋爱中送礼物切忌用力过猛，要多花点心思，并且要认识到礼物不一定越贵越好，否则可能会适得其反。其实，两个人在一起最重要的是舒适感，不管谁送谁礼物，让对方觉得心里舒服才能够有效地促进感情升温。你觉得呢？

参考文献

Ding，W.，Pandelaere，M.，Slabbinck，H.，& Sprott，D. E..（2020）. Conspicuous gifting：when and why women（do not）appreciate men's romantic luxury gifts. *Journal of Experimental Social Psychology*，87. doi：10.1016/j.jesp.2019.103945.

（李思贤）

04 每个人大约隐藏了 13 个秘密

"早知道会有这么一天……我终于解脱了。"

逃亡多年的罪犯终于落网,他声泪俱下地说,除去警察长期追捕的有形压力,他对周围人隐藏犯罪行为的无形压力更让他的内心不堪重负。

在实际生活中,我们也同样有着或大或小的秘密。据一项研究估计,每个人平均大约有 13 个秘密。

藏秘(secrecy)有一定的积极作用,例如,保护隐私和实现社会保护、维护社交安全。一个有趣的发现是,交往之初的藏秘有时可以因神秘感而增加个人的吸引力。

不过,更多的时候,藏秘会给我们带来负面影响。

1. 藏秘会产生什么后果?

损害身心健康

藏秘对身体和认知过程都会产生负面影响。例如,拥有秘密的污名身份会对心理和躯体健康有显著的负面影响。这些负面影响具体表现为个人一系列消极的精神状态和不良的身体后果,如对秘密内容的反刍、执迷可能会导致抑郁，最终导致免疫能力受损从而增加机体生病的可能性。

导致负担感和疲劳感

Slepian 等人（2012）通过实验证明，藏秘会通过影响人们的当前状态，从而影响人们的认知判断，即导致负担感。随后，Slepian 等人（2015）又将藏秘内容的重要程度精确为对藏秘的关注程度，得出的结果都支持藏秘会导致负担感的假设。此外，藏秘还会导致疲劳感：相对于思考别人不知道的、没有刻意隐藏的个人信息，藏秘通过唤起孤立感和与所属目标的动机冲突，间接增加了个体疲劳的体验（Slepian，Halevy，& Galinsky，2019）。

损害幸福感

在心理治疗领域，患者经常会对治疗师隐藏他们自己的症状和经历，后来研究者开始注意到这种隐藏对幸福感（subject well-being）的负面影响（Wismeijer，2011）。藏秘者通常会为个人社交付出高昂代价，导致消极的人际后果，例如人际关系的破裂。藏秘也会对他人造成伤害。在关系后期和更亲密的阶段，藏秘者的伴侣可能会感到被冷落，会因而削损自信而变得越来越痛苦。

损耗自我调节能力

Critcher 与 Ferguson（2014）的研究发现，人们在隐藏信息或身份内容时，会出现自我调节能力的损耗，具体表现为损耗智力敏锐度（intellectual acuity）、人际约束（interpersonal restraint）、体能（physical stamina）和执行功能（executive function）。研究者在研究中将这种藏秘分解为两个过程：首先，人们在主动隐藏信息时，必须先监视信息以防止泄露；其次，如果发现这些信息有可能泄露，就必须修改自己的表述。研究者发现，仅监视自己要隐藏的信息就足以导致自我调节能力的损耗（Critcher & Ferguson，2014）。

自我惩罚

研究发现，为了减少不公平感（针对他人的），或追求正义感，人们也会在自身寻找答案，比如以自我惩罚的方式来获得平衡。藏秘会使人更频繁地主动追求自我惩罚，尤其是当这个秘密是不端的行为或会对他人造成伤害时。

2. 我们该如何应对藏秘的消极影响？

吐露秘密

研究发现，吐露秘密可以减轻藏秘的负面后果，并帮助个体理解和消化秘密。吐露秘密打破了思想压抑和干扰的重复循环，减轻了持续抑制的压力，从而增强了身心健康。与知己谈论秘密还可能有助于个体对隐藏的秘密赋予意义并获得自我理解和控制，因为知己可能会提供有用的反馈或支持（Slepian & Moulton-Tetlock，2019）。大量的研究还发现，谈论或写下令人不安的或创伤性的经历，可以显著改善个体的心理健康。

发挥创造性

藏秘与身体负担有着隐喻性联系——藏秘作为一种心理和身体负担影响着人们的身心健康；而创造性则与"跳出框框思考"和"探索的自由"联系在一起。Goncalo 等人（2015）发现，创造性实际上会让人感到解放，而这种自由的感觉反过来又会减轻藏秘给人带来的心理和身体负担。因此，发挥创造性可能是人们摆脱藏秘负担的一种方式，人们也不会因直接泄密而可能感到羞耻和尴尬。并且，当允许对不同类型的想法进行广泛的探索，而不是专注于一个领域时，创造性工作的去藏秘负担效果最强（Goncalo et al.，2015）。

增强自我意识

研究发现，情绪标记水平（情绪清醒程度）和自我意识与藏秘的倾向负相关。换言之，在社会交往中个体能明确意识到自己的需求和想法，并满足自己的需求，能够减少藏秘。

说到这里，请自省一下：你心底的秘密又给你带来了什么感受？如果是负面的，也许可以试试上述技巧。

参考文献

Critcher, C. R., & Ferguson, M. J.. (2014). The cost of keeping it hidden : decomposing concealment reveals what makes it depleting. *Journal of Experimental Psychology*: *General*, 143 (2), 721.

Goncalo, J. A., Vincent, L. C., & Krause, V.. (2015). The liberating consequences of creative work : how a creative outlet lifts the physical burden of secrecy. *Journal of Experimental Social Psychology*, 59, 32-39.

Slepian, M. L., Masicampo, E. J., Toosi, N. R., & Ambady, N.. (2012). The physical burdens of secrecy. *Journal of Experimental Psychology* : *General*, 141 (4), 619.

Slepian, M. L., Camp, N. P., & Masicampo, E. J.. (2015). Exploring the secrecy burden : secrets, preoccupation, and perceptual judgments. *Journal of Experimental Psychology*: *General*, 144 (2), e31.

Slepian, M. L., & Moulton-Tetlock, E.. (2019). Confiding secrets and well-being. *Social Psychological and Personality Science*, 10（4）, 472-484.

Slepian, M. L., Halevy, N., & Galinsky, A. D.. (2019). The solitude of secrecy : thinking about secrets evokes goal conflict and feelings of fatigue. *Personality and Social Psychology Bulletin*, 45（7）, 1129-1151.

Wismeijer, A.. (2011). Secrets and subjective well-being : a clinical oxymoron. In *Emotion Regulation and Well-being*. New York, NY: Springer, 307-323.

（孙涵彬）

05 你我皆社恐，那如何克服呢?

王勉在 2022 年的《脱口秀大会》上唱了一首职场社恐之歌，引起了很多人的共鸣。

> "昨天上班他走进你那部电梯，你赶紧掏出没有信号的手机。"

> "你很怕上厕所和他相遇，因为迎面走来总得寒暄几句。"

不敢与陌生人交流，害怕当众做自我介绍，和别人讲话不敢直视对方的眼睛，总是觉得自己会被别人拒绝，看到熟人不知道要不要打招呼，不敢维护自己的权益，甚至示意公交司机停车也要酝酿许久。对很多社恐患者来说，手机和耳机是最好的依托。想假装听不到，想假装看不到，那就插上耳机、盯着手机吧，浑身透露出"请勿打扰"的信息。社恐人最害怕电话铃声以及微信语音通话响起……

1. 什么是社恐?

"社恐"一词在微博、豆瓣、知乎等网络平台上受到广泛讨论，已然成为一个网络热词，足见其覆盖面之广。它最初来源于社交焦虑障碍（social anxiety disorder），也称为社交恐惧症，指对一种或多种人际处境存在持久的恐惧和回避的心理与行为。社恐者可能会出现许多躯体症状，如脸红、出汗、颤抖、心悸和恶心，严重时还会有惊恐发作。社交恐惧可能会严重损害一个人的人际关系、工作业绩和职业生涯。网络上很多自称社恐的人，尽管没有达到社交恐惧症的恐惧强度，但社恐仍然给他们带来了很大的困扰。

目前，越来越多的青年人认为自己社恐。在"青年说"发起的网上调查中，在参与投票的 2 532 名网友中，97% 的参与者认为自己存在回避甚至恐惧社交的现象！"社恐"已然成为一种身份标签，人们使用此标签进行自我保护，来应对无孔不入的社交压力。

对职场"小白"来说，社交恐惧也成为职场江湖的一大拦路虎。比如，有好的想法却开不了口，害怕自己被批评；不知道怎么和同事相处；害怕应酬，能推就推；害怕向领导汇报工作；不喜欢与人协作……

现在沉溺于工作的年轻人，最怕收到的可能不是老板深夜催进度的微信，而是——

"周末大家一起出去团建，每个人都要来。"
"你去找某某（并不熟悉的同事）对接一下工作。"

2. 社恐的深层原因

评价恐惧

人们担心他人对自己做评价，害怕因缺乏社交技巧给别人留下不好的印象，或由此导致尴尬的处境，认为自己很难被别人接受，总觉得"别人会讨厌我说的话""我总是说不好"等。社恐者在社交这条路上，总是无法控制自我否定。正是这些信念使得社恐者对出现在别人身上的不满迹象非常警觉。研究也证实，社交恐惧症个体对社交中的威胁性信号更敏感。

出现社恐的原因是个体想在别人心目中留下良好的印象。一个人只有在希望给别人留下某种特殊印象时，才可能会感到紧张甚至恐惧。他如果不在乎自己在别人心中的形象，那也就不会特别注意自己的言行。

认知偏差

过分担心某种消极后果会发生，过于自我关注，对别人如何看自己的观念是扭曲的，这些都增加了个体对负面思维和情绪的注意，并干扰了个体的正常活动和表现。

3. 克服社恐的小提示

"我是一个社恐者"道出了社恐的普遍性，尽管很多时候这是一句玩笑语。我们还是要努力敞开心扉和怀抱，去接触去感知这个多姿多彩但也让人爱恨交织的世界。

顺应自然，为所当为

森田疗法的治疗原则是"顺其自然，为所当为"。在社交情境中你在感到紧张的时候，不必过于关注，带着这种胆怯、紧张或脸红和人交往，其实也没有关系，甚至有时别人还会觉得你可爱。当你坦然处之的时候，紧张也会在不知不觉中消失。

积极行动

寻找社交场合并积极参与，回忆并借鉴曾经成功的或积极的社交体验，积极寻找有助于克服恐惧的社交环境。社交是一个需要学习的事件，多练习，对自己取得的每一点进步及时奖励，逐渐地你也会适应并学会社交。

直面恐惧，克服焦虑

回避能够减轻焦虑和恐惧，而减轻的焦虑和恐惧又使得回避行为得到了强化，形成恶性循环。因此，要直接面对焦虑情境，拿出勇气，学会勇敢，鼓励自己在焦虑的情境面前自我调节并坚持到底。

转移自我注意力

社恐者总会关注他人如何看待自己，害怕自己给别人留下不好的印象，进而导致焦虑。因此，要学会将注意力转移到其他事情上，尤其是当前的事务、工作或学习上。此外也要明白，世上的人很多，别人要关注的人也很多，所以不是非得关注你，而且他可能和你一样担心被关注。每个人都有顾虑，每个人也都很忙，所以，要记住，别人其实并没有那么关注你。

参考文献

王水雄 . (2021). 当代年轻人社交恐惧的成因与纾解 . 人民论坛，38-40.

Tomoko, K., & Ding, X. F.. (2019). The influences of virtual social feedback on social anxiety disorders. *Behavioural and Cognitive Psychotherapy*, 1-10.

（钱 程 段锦云）

06 其实孤独也是个老朋友

"这次清明节假期回家突然觉得有点孤独。"好友用微信发来消息。

"为什么呢？"我回道。

"不知道，可能是因为看到年迈的父母，又或许是因为自己还孤身一人吧……你都30岁的人了，难道不觉得孤独吗？"她回道。

"等一下！离我30岁生日还有一个月，我还没到30岁呢！即使我30岁，就应该孤独吗？那说说你口中的孤独到底是什么滋味？"我辩驳着。

"不告诉你，你自己去尝尝吧。"她不屑地回道。

…………

对，我是马上要30岁了。经好友这么一说，总觉得30岁的我应该有点什么特别深刻的感悟，或许真的该去细细品尝下"孤独"了。

1. 孤独是什么？

当社会需求（无论是数量上还是质量上）没有得到满足时，

人就会产生一种不愉悦的感觉，这就是孤独感。人在缺乏自己想要的亲密关系或社会连接时，会感觉自己没被他人理解——世界的热闹与我无关。恰如林语堂在《孤独》中所写：

> 孤独两个字拆开
>
> 有孩童，有瓜果，有小犬，有蚊蝇
>
> 足以撑起一个盛夏傍晚的巷子口
>
> 人情味十足！
>
> 稚儿擎瓜柳蓬下，细犬逐蝶深巷中
>
> 人间繁华多笑语，唯我空余两鬓风

2. 为什么会孤独？

归属感缺失

依据马斯洛需求层次理论，人都有归属和爱的需求，渴望和他人建立联系，以至找到情感归属。但人们发现自己想要的有意义的社会连接无法获得时，就会出现恐惧、过度警觉和被拒绝的主观孤独的感觉，故而产生孤独感。

孤独感的调节循环理论（the regulatory loop model of loneliness）提出，个体的归属感若没有得到满足，个体就会产生孤独感，这会激发个体去寻求自我保护，导致退缩行为，使个体放弃建立他们所渴望的人际关系，从而进入一个孤独的循环之中。

缺少对积极社会情感的回应

芝加哥大学心理学教授 John T. Cacioppo 发现，孤独者对社会回报的期望较低，会表达出对友情的渴望，但是对别人的友好行为缺少自发的积极回应。Andrew 在研究中也证实，个体处于孤独状态时很少自发微笑，多是刻意地模仿微笑。

　　研究者选取 35 名大学生被试参加面部微笑模仿（facial mimicry）实验，用视频的方式展示不同表情的图像（生气、害怕、愉悦、悲伤），被试在看到表情时要按研究者的要求分别自发地做出反应和刻意地模仿表情。研究者用被试面部肌电图（facial electromyography，fEMG）记录被试的面部颧肌（zygomaticus）和额头皱眉肌（corrugator）的活动情况，以此来了解个体在自发反应和刻意模仿两种不同情况下，面部反应的速度。实验结束之后研究者让每位被试填写包含了 20 道题的孤独量表（R-UCLA Loneliness scale；Russell，1996），如"你是否经常觉得自己和他人的关系毫无意义？"。

　　通过分析被试在自发和刻意两种情况下的面部肌电图，研究者发现，相比于刻意模仿，个体在自发反应时会更少做出微笑反应，结果如图 1 所示。

群体性孤独

Sherry Turkle 在 TED 的演讲《为什么我们保持联系却依旧孤单》中提到，互联网时代人与人之间的沟通更加方便，这看似缓解了人们的孤独感，然而，人们在网络世界有了更多选择后，注意力反而更分散了。网络世界让人与人的沟通更有掌控感，但无时无刻的分享让人丧失了独处的能力，让人没有时间去思考真正重要的事情。

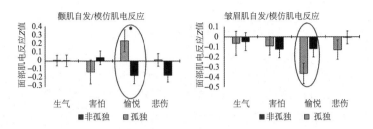

图 1 实验结果

资料来源: Andrew J. Arnold & Piotr Winkielman.(2020). Smile(but only deliberately) though your heart is aching : loneliness is associated with impaired spontaneous smile mimicry. *Social Neuroscience* 16,（1）: 32.

这让我想到，当下我们手机里的各类 App 帮助我们解决问题、给我们投喂信息，既节省了我们很多时间和脑力，但也让我们的大脑更加懒惰，使我们难以和自己、他人以及周围环境建立深度连接。这反而加剧了我们的孤独感，从而使我们陷入"群体性孤独"，见图 2。

图 2 群体性孤独

3. 孤独给我们带来了什么?

影响睡眠质量

Cacioppo 等人（2016）的研究发现，个体的孤独感会提高个体对社会内隐威胁的无意识警惕及对威胁的敏感度。个体的孤独水平较高时，个体在睡觉时更易于对声音敏感，进而可能影响夜间的睡眠质量。

强化抑郁症状

个体在感受到孤独时会对不安全和威胁因素更加敏感，出于自我保护动机会做出更多的攻击、拒绝、背叛等行为。除此之外，个体若长期处于孤独中，会形成一种弥漫的孤独状态，这会加剧抑郁症状，使个体害怕负面评价，焦虑、愤怒，并降低个体的乐观和自尊水平。

减少健康行为

孤独感影响自我管控能力，这一过程是无意识的。自我管控能力的降低会进一步导致个体积极活动的减少，进而影响健康，也会令当事人做出损害自己或他人的行为。

除此之外，相关文献也表明，夫妻之间的孤独感会影响双方对关系的满意度。双方孤独感低且一致时，双方对亲密关系的满意度最高。

清醒头脑，增长智慧

孤独的影响并非都是负面的。人的深度思考都是孤独的，比如十年寒窗一定伴随着漫长的孤独，司马迁在 14 年创作《史记》

的过程中也一定伴随着深刻的孤独；哪怕一次简单的创作和阅读，从形式上看也是孤独的；一天的劳累后我们也需要时间独处以便让自己恢复……热闹让人快乐，但是孤独却是我们的智慧得以增长的必由之路。

4. 如何对待孤独？

研究表明，高达 80% 的未成年人（18 岁以下）和 40% 以上的超过 65 岁的成年人都曾报告过在生活中有时候会产生孤独感。根据民政部 2018 年的数据，中国独居成年人口已经超过 7 700 万，而 2021 年这一数字将上升至近 1 亿。独居的生活环境和个体孤独正相关。

孤独是一种常见的情感体验，它犹如一个老朋友时不时就会来到你身边。孤独并不可怕，重要的是，我们该如何学会和它相处。

增加生活仪式感

研究发现，购买商品的仪式感可以消减购买者的孤独感，这是因为仪式感可以增加生活的意义感，由此减轻个体的孤独感。个体在孤独水平较高时，通过购买有仪式感的产品能够缓解孤独感，后续也会更多地购买此类产品。

当然，增加生活仪式感不一定要通过消费，最简单的是每天清晨都对自己微笑着说一句"美好的一天又开始了"。

建立深度连接

孤独的人期待被看到和连接。走出去，不要被动等待，我们总会碰到和自己投缘的朋友。珍惜结识的缘分，不要只停留在社交软件的聊天框中，因为仅凭这些小片段是不足以了解彼此的，面对面的沟通才能让我们更加全面地接收信息，深刻体验与他人建立联系的快乐。从现在开始，学会去主动联系你的朋友，不必联系很多，联系那些能够让你敞开心扉的朋友就好。

以孤独为友

你如果不介意自己孤独，或能将孤独控制在合理的范围内，那就继续和孤独相伴吧。研究发现，自愿性的孤独和个人精神成长有着积极的联系。我们可以在独处的时间读一本好书，看一部电影，给家人打个电话或陪伴家人，这样你压根就没有时间去担心孤独。当你不惦记孤独的时候，孤独自然就会消退。

在三十而立的年纪，不是不孤独，相反，孤独会时不时拜访，恰如从老家回来给我发微信的好友。不过，三十岁（而已）的我也懂得了利用孤独甚至享受孤独。愿成长路上的你不惧孤独；相反，你可以利用孤独开启心智，充实而恬淡地过好每一天！

参考文献

Andrew J. Arnold, & Piotr Winkielman.（2020）. Smile（but only deliberately）though your heart is aching : loneliness is associated with impaired spontaneous smile mimicry. *Social Neuroscience*, 16,（1）, 26-38.

Cacioppo, J. T., Hawkley, L. C., Ernst, J. M., Burleson, M., Berntson, G. G., Nouriani, B., & Spiegel, D..（2006）. Loneliness within a nomological net : an evolutionary perspective. *Journal of Research in Personality*, 40, 1054-1085.

Cacioppo, J. T..（2010）. Do lonely days invade the nights?: potential social modulation of sleep efficiency. *Psychological Science*, 13, 384-387.

Cacioppo, S., Bangee, M., Balogh, S., Cardenas-Iniguez, C., Qualter, P., & Cacioppo, J. T..（2016）. Loneliness and implicit attention to social threat : a high-performance electrical neuroimaging study. *Cognitive Neuroscience*, 7, 138-159.

Mcwhirter, B. T.. (2011). Loneliness : a review of current literature, with implications for counseling and research. *Journal of Counseling & Development*, 68, 417-422.

Ozcelik, H., & Barsade, S. G.. (2018). No employee an island : workplace loneliness and job performance. *Academy of Management Journal*, 61, 2343-2366.

Sherry Turkle. (2012). 为什么我们保持联系却依旧孤单 .TED. https://www. bilibili.com/video/av4478305.

Wright, S., Silard, A.. (2020). Unravelling the antecedents of loneliness in the workplace. *Human Relations*. Advance online publication.

（汪亚丹　段锦云）

07 气象如何影响我们的心理与行为？

在电影《蒙娜丽莎的微笑》中，艺术史老师凯瑟琳从终年阳光普照的加利福尼亚大学来到冬季漫长寒冷的马萨诸塞州韦尔斯利女子学院，接受了自由改革思想的她遇上了一群笃信上层社会封建思想的学生。在课堂与生活中，她"为自己而活"的开放不断地与她们"为家庭而活"的保守发生碰撞。要解释这样的碰撞，不妨考虑气象心理学（meteorological psychology）视角。

1. 好天气放飞心情，坏天气一心工作

气候因素能够作用于人体感官，继而影响个体心理，这种作用与影响具体表现在情绪和认知两方面。

情绪

秋意引愁。孟浩然道"愁因薄暮起，兴是清秋发"，辛弃疾讲"欲说还休，却道天凉好个秋"，心理学上讲"季节性情感障碍"……

季节性情感障碍（seasonal affective disorder，SAD）可谓悲伤本伤，它是一种每年同一时间反复抑郁的综合征，通常发生于秋冬季节，因此又称 winter depression。有关 SAD 的假设繁多，其

中一个较为肯定的观点是，秋冬季节日照时间的减少是引起 SAD 的主要原因。该假设得到了以下两点的支持：纬度越高的地区，SAD 的发病率越高；通过人工光照可使部分病人的症状得到缓解。此假设表明，光照对消极情绪有抑制作用。相关研究也证实了积极情绪与温度和亮度正相关。

关于天气对情绪的影响的内在机制，研究者大多从生理层面出发，发现天气的改变会导致血压、血清素、多巴胺等的变化，从而影响情绪。

认知

歌曲《Both Sides Now》有句歌词"so many things I would have done，but clouds got in my way"，这样看似乎阴雨天更适合咸鱼式的"肥宅"生活。

但是，Julia 和 Gino 以 198 名成人受访者中绝大多数人表示的"不快乐的阴雨天＝低产低效"作为反套路铺垫，用四项研究为"阴雨天＝高绩效"正名。

研究一将日本一家银行的雇员在两年半时间内的数据录入工作的绩效与当日的天气数据配对。

研究二是基于美国在线劳动力市场的研究。来自天气状况迥异的地区的被试需要修改有 26 处拼写错误的文章，并填写情绪状态（控制变量）问卷和包括天气、邮政编码在内的人口学信息问卷。

研究三是基于美国在线劳动力市场的研究。被试被要求想象好天气或者坏天气，随后需要写出不超过十个与工作无关的活动，并对其吸引力进行评分。

研究四是实验室研究。实验分别在好天气和坏天气下进行。实验组被试暴露于户外活动中，并被要求对活动的吸引力进行评分，选择最喜爱或最经常参加的活动加以描述。控制组则在未暴露于户外活动的基础上被要求描述他们的日常生活。之后被试需要进行数据录入工作，填写包括情绪状态、主观天气感知和人口学信息在内的问卷。

四项研究的结果证实了假设：好天气会降低需要专注的工作的绩效，认知干扰在其中起中介作用。也就是说，好天气会增加户外活动的吸引力，从而增加认知干扰。

但是，研究者提出这种影响可能是由工作的种类造成的，需要专注的工作更容易受认知影响，而需要创造性的工作更容易受情绪影响。因此，晴天引起的积极情绪可能有利于提升创造性工作的绩效。

此外，综合来看，在舒适的天气里，人们更倾向于通过直觉思考；在略微偏离舒适值的微冷天气里，个体的认知水平最佳。Cheema 和 Patrick 的研究发现，被试在偏离最佳温度（22℃）正负3℃的同等环境下，例如在19℃的环境中，其认知表现要比在温度更高的环境中平均高50%左右。这样的表现是由于，在处理复杂任务时大脑需要以葡萄糖作为能量，而高温天气时葡萄糖被更多地用来进行体温管理，即缺乏足够的资源来维持大脑的缜密运算过程。

2. 好天气邂逅爱情，坏天气逃离犯罪

天气除了会对个体的情绪和认知产生作用外，还会影响个体

的行为，如人际亲和行为、反社会行为和消费行为等。

人际亲和行为

Cunningham 在 1979 年发表的论文中提出并检验了"阳光善人"（sunshine samaritan）假设，即在日照强度较高的天气里，助人行为发生的频率更高。相应地，另一项研究在控制温度之后，发现男性向女性索要电话号码的搭讪行为在晴天的成功率也会更高。

而与微冷的环境（15～18℃）对认知的积极影响不同，个体处于温暖环境（22～24℃）时会表现出更高的社会临近性（social proximity，即描述事物时偏好使用更为具体而非抽象的语言）和更多的从众行为。

近年来，研究者认为天气对人际亲和行为的影响源于具身认知，也就是说生理上感受到的温暖引发了心理上的温暖感，如在温暖的环境中人们更愿意助人，也更会对他人做出善意的评价。

反社会行为

犯罪社会学中的"日常行为理论"（routine activity theory）认为，犯罪行为的发生需要满足三个条件：有犯罪倾向的实施者、合适的受害者以及两者能共处的犯罪场所。由此出发，在舒适的天气，人们更愿意出行和进行社会交往，导致个体与潜在犯罪实施者接触的可能性提高，户外人际犯罪行为因此增多。但谋杀受此影响不大，主要是因为谋杀大多发生在熟人或相识者之间，受户外活动的制约较小。

对天气和反社会行为之间关系的解释，除了上述提高犯罪可能性的认知路径外，还存在着情绪中介机制，即特定的天气变化会导致负面情绪产生，而这些情绪进而会降低个体的自控感、降低个体对风险的容忍程度、增加个体的攻击性，此时反社会行为就会增加。

消费行为

天气可通过对个体消费心理的作用进一步影响消费行为。即使是天气预报，也可能会对当下的消费决策产生影响。在温暖的晴天，人们更愿意付小费；但在面对突如其来的狂风时，人们更倾向于规避风险。

对此，有研究（李晨溪，姚唐，2019）基于大数据时代的背景，提出了不同情景下的气象状态会影响消费行为的构想。具体来说，静态的实时气象因素、动态的气象变化和可知的未来气象因素，分别通过情绪因素、风险认知因素和投射偏差（projection bias）因素，对消费行为产生影响。上述天气之所以能够对消费行为产生影响，是因为晴天能诱发积极的情绪，狂风天气会增加消费者对不确定性的规避，天气预报会使消费者将因预报产生的当下偏好投射到未来当中。

3. 一方气候养一方人

人类在适应气候环境的同时也在气候的影响下发展语言、价值观、信仰、行为规范等。

文化

多个跨国和一国内的研究证实了气候对个体心理的影响，由此造成的个体心理特质上的差异会使个体形成集群效应，从而影响该地区的宏观文化倾向，如松紧文化（cultural looseness and tightness）。在气候恶劣地区，气候增加了个体不遵守行为规范的风险，易形成紧文化，群体成员严格遵从社会规范；在气候适宜地区，气候鼓励主观能动性的发挥以从自然中获取资源，易形成松文化，对个人的束缚较为有限。松紧文化又会进一步影响地区人群的人格特征，紧文化下的人更为严谨，松文化下的人则更为开放。

但文化并不只受气候的单维影响。荷兰文化心理学家 van de Vliert 探讨了气候和经济资源对文化的协同作用，发现气候严苛且资源匮乏的文化下的人为满足基本生存需借助集体力量，因而自由水平较低；相反，同样气候严苛但资源充沛的文化下的人无须面对生存威胁，反而有更多冒险机会，因而自由水平较高。

人际亲和行为和反社会行为

与天气对人际亲和行为和反社会行为的影响类似，长期来看，温暖的气候塑造出温厚亲和、爱好社交的人格特征，与正常值偏离越大的气候越提高了人类冲突的可能性。从对 1950 年之后数据的分析中可得出以下结论：平均而言，降水量和气温每提高一个标准差，人际冲突概率就提高 4%，群体冲突概率就提高 14%。

相关学者对气候与人类暴力冲突之间的关系总结了四种解释路径：第一种强调经济状况和劳动力市场的作用，认为气候偏离正常值时生产资料成本提高，经济生产率下降，因此人际冲突的经济成本降低、收益提高；第二种关注环境风险承担的差异化趋势，认为气候灾难的承受者主要是社会弱势群体，气候偏离正常值时社会不平等加剧，导致社会动荡；第三种提出气候变化会加速人口迁移和城市化过程，而人口和资源的不匹配是造成冲突的重要原因；最后一种偏向较微观的视角，认为异常气候可能会对人的认知和情绪等造成影响，使人们更倾向使用暴力冲突解决问题。

4. 个人行动指南

- 情绪低迷时，多接触阳光，让自己的心情也阳光起来。
- 当工作需要最佳的认知水平时，使室内温度略低一些，以爆发自己的"小宇宙"。
- 尽管天气不可控，但无论是个人还是组织，皆可根据天气安排工作种类，以提高绩效，减少损失。更进一步，为了高绩效，组织还可以根据气象条件为公司选址。
- 若在晴天遇到心动对象，走向心仪对象，此时你离成功比阴雨天时更近一些。
- 掌握气象因素与消费行为的变化规律，构思精准化气象营销方案。
- 理性认识文化对个人特质的塑造。
- 在过好自己生活的同时，多多关注全球气候变化对个人、社会和自然的深远影响及应对策略。

从微观的个体到宏观的文化，都嵌入在自然环境和社会环境中，大气现象对心理行为起着或显或微的作用。但是，这并非简化的环境决定论。大气现象在存在单一效应的同时，与遗传、性别、个人特质、地理、经济、社会、文化等多方面因素结合，在时间和空间上共同影响着个体与人类文明的发展。

在个人特质的影响下，个体对天气的敏感性表现出了差异，既有夏天憎恶者、雨天憎恶者，也有夏天偏好者、雨天偏好者，还有不受影响者。在历史、地理、气候等多重因素的交互影响下，同为海上封闭岛国的英国和日本尽管表现出大量相似之处，但又有所不同。

尽管如此，未来跨学科的、与电子科技相结合的气象心理学对于描述、预测气象因素对个人、社会、文化等的影响仍具有积极意义，有助于进一步解释人类的心理和行为机制。

参考文献

王琰，陈浩.（2017）.人以天地之气生：气象对人类心理与行为的影响.心理科学进展，25（6），1077-1092.

李晨溪，姚唐.（2019）.气象因素如何影响消费行为？：基于情境营销理论的气象营销机制.心理科学进展，27（2），191-200.

高安民，石少波，温琳.（1999）.季节性情感障碍.中国心理卫生杂志，6，379-380.

Lee, J. J., Gino, F., & Staats, B. R..（2014）. Rainmakers : why bad weather means good productivity. *Journal of Applied Psychology*, 99（3）, 504-513.

Rosenthal, N. E., Sack, D. A., Gillin, J. C., Lewy, A. J., Goodwin, F. K., & Davenport, Y., et al..（1984）. Seasonal affective disorder : a description of the syndrome and preliminary findings with light therapy. *Archives of General Psychiatry*, 41（1）, 72.

（朱　悦　段锦云）

08 如何有效地向他人提出请求?

请设想这样一个场景：在国庆节前的同事聚会上，你的一位同事了解到你放假期间并不打算出游，便希望你能够帮他照顾他的哈士奇三天。你考虑了一会儿后答应了他。可是在聚会结束后，你的同事突然和你说，如果可以的话，希望小狗能在你家多养两天。也就是说，七天假期中，你要帮忙照顾他的哈士奇五天。你会继续答应他吗？

接下来请再设想另外一个场景：仍然是放假前的同事聚会，仍然是这位同事向你提出帮忙照顾无人看管的哈士奇。只不过这次他先问你可不可以整个假期都把狗寄养在你家。你面露难色，委婉地拒绝了他。在聚会后他又问你：那么只照顾五天可不可以？在这样的情况下，你的回答又会是什么呢？

以上两种场景实际上运用了在向别人提出请求时的两种不同的技巧——"登门槛法"，即"循序渐进法"（foot in the door, FITD），和"留面子法"，即"以退为进法"（door in the face, DITF）。顾名思义，"登门槛法"或"循序渐进法"就是先向对方提出一个容易满足的请求，在对方答应的情况下再提出更进一步的请求；而"留面子法"或"以退为进法"则相反，先向对方提出一个一定会被拒绝的请求，被拒绝后再提出一个相对第一个而言不那么过分的请求，让对方认为我们做出了让步，但其实第二个请求才是我们真正希望得到满足的。

那么回到文章开头的两个场景，在哪种场景下你更容易答应照顾朋友的哈士奇五天呢？

心理学家对这两种策略的有效性也很感兴趣。以往的研究发现，"循序渐进"和"以退为进"两种策略都能提高请求被答应的概率，但在某些情况下"以退为进法"更加有效（Rodafinos et al., 2005）。大多数的研究也都围绕"以退为进法"展开。

为什么是这样呢？难道只要把我们的真实请求放在一个更过分的请求后面，我们的请求就能得到满足吗？

没那么简单！

这里我们要先简单介绍互惠原则（norm of reciprocity）这个概念。

Norm of reciprocity 最初是 Gouldner（1960）在书中提到的"You should give benefits to those who give you benefits."。这是不是很像我们中国的成语"投桃报李"？

在这里，这句话可以被解读为"You should make concessions to those who make concessions to you."（Cialdini et al., 1975）。也就是说，当别人做出妥协的时候，我们也应该相应地做出一些让步。因为这时候对方做出的"妥协"会被我们解读为一种"favor"。出于互惠心理，我们也要为对方做些什么，这类似于我们常说的"还人情"。

基于此，由于我们对请求者的回应只有"是"或"否"两种选择，当我们选择"否"作为第一个请求的回应后，面对请求者的第二个请求，我们更倾向于选择"是"来和请求者做出的"妥协"相匹配，从而双方各退一步形成"互惠"（Cialdini et al., 1975）。

在文章开头的第二个场景中，当同事提出照顾七天哈士奇的请求被拒绝后，照顾五天哈士奇的请求就被视为一种让步。为了达成互惠，我们似乎不得不接受了。这就是利用了人们互惠心理的"以退为进法"的一种实际应用。

因此我们看到，要成功运用"以退为进"策略有两个关键步骤：第一，最初的请求被拒绝；第二，第二个（真实的）请求被视为做出妥协后的请求。只有同时满足了以上两个条件，别人才有可能在不知不觉中就"被安排"了。

你可能会想，互惠原则适用于所有人吗？这一原则虽然在实际应用中的效果会与当事人的性格、原则、当地文化以及事件性质等多方面因素有关，但的确被视作最广为接受的社会性原则之一，并在不同文化群体中都得到了验证（Mauss, 1966）。

另外，Gueguen 等人（2016）的研究发现，互惠原则中涉及的利益得失问题其实不是决定被请求者是否答应该请求的唯一条件。在社会生活中，人们会更尊重或喜爱那些遵守互惠原则的人，所以尽管有时并没有达成"互惠"，但只要请求者表现出希望达成互惠的意愿，人们就会更愿意做出帮助行为。人是社会性动物，遵守互惠原则（有来有往）可以在一定程度上有利于我们更好地生存。

所以，"循序渐进"也好，"以退为进"也罢，都只是沟通中的一些小策略。在人际交往中，最重要的还是稳定可靠、真诚善良、推己及人，只有这样才可以实现真正的互惠。

参考文献

Cialdini, R. B., Vincent, J. E., Lewis, S. K., Catalan, J., Wheeler, D., & Darby, B. L.. (1975). Reciprocal concessions procedure for inducing compliance : the door-in-the-face technique. *Journal of Personality and Social Psychology*, 33, 10.

Gouldner, A.W.. (1960).The norm of reciprocity : a preliminary statement. *American Sociological Review*, 25, 161-178.

Gueguen, N., Meineri, S., Ruiz, C., & Pascual, A.. (2016). Promising reciprocity : when proposing a favor for a request increases compliance even if the favor is not accepted. *Journal Social Psychology*, 156 (5). doi : 10.1080/00224545.2015.1129304.

Mauss, M.. (1966). The gift. London, UK : Cohen & West.

Rodafinos, A., Vucevic, A., & Sideridis, G. D.. (2005). The effectiveness of compliance techniques : foot in the door versus door in the face. *Journal of Social Psychology*, 145 (2), 4.

（李思贤）

09 "我本将心向明月"：善行也有范围

"我本将心向明月，奈何明月照沟渠。"

——（元）高明《琵琶记》

有两位富豪，一位总是慷慨解囊做慈善，另一位则将钱用于自身尽享荣华富贵。问题来了，你觉得谁更值得拥有这么多财富？

近期的一项研究发现，富人如何花费他们的财富影响了人们对他们是否值得如此富有的认知。人们往往认为那些向慈善机构捐款的富人努力工作、能力强，而认为那些过着奢侈的生活、挥霍财富的富人没有能力，缺乏职业道德。研究者对此的解释是，人们倾向于从他人的行为中推断其内心活动。特别地，人们经常在当下的情境和过去的个人行为之间"构建"因果关系。那些做慈善的、具有美德的富豪会被认为，他们过去通过努力工作、一步一个脚印获得了现在的成功（也可以理解为光环效应，善举被放大到对其他积极特质的推断上）。

而另一项有趣的研究发现，社会经济地位高的人向社会经济地位较低的人分享财富，很有可能会引起后者的身份威胁

（Sandstrom et al.，2019）。个体对自身社会经济地位的认知是在社会比较的过程中形成的，而人们普遍对提升自身的社会经济地位抱有渴望。但在一种社会经济地位差异明显的情境下，获得资助的地位较低者会认为，地位较高者做出这种"利他"之举是源于同情，而不是出于公平分配的考虑。

最近一项由日本学者展开的研究发现，更甚一步，极端利他行为可能会招致他人更差的人际态度（更少的喜爱和尊重）。研究者给出的解释是，这样的行为（例如把所有的钱都给别人）过于偏离期待和社会规范（Kawamura & Kusumi，2020）。但研究者也强调，个体的极端利他行为对他人人际态度的负面影响，可能在对规范偏离低容忍度的社会里（例如日本）更为明显。

众口难调。一方面，慷慨解囊的人会获得人们的认可；而另一方面，受到资助的人可能会感到"被同情"，自身的身份地位受到了威胁，面子上挂不住。

有研究发现，当施助者从善行中获益时，他人会认为这些"好人"并没有那么无私；当人们为了获得物质利益或社会利益而做好事时，他人可能会认为这些人甚至比做出自私事情的人更自私（Carlson & Zaki，2018）。

普通人对人性的看法被称为常人理论（lay theory），利己-利他也是人性观的重要维度之一（吴言动等，2019）。基于每个人持有的常人理论，人们会对利他行为有不同的解读。有人认为没有纯粹的利他，利他行为或多或少都对施助者本身有好处；也有人认为施助者的真正动机还是"为他人好"，他人对自己的积极评价只不过是其行为额外收获的利益（unintended side effect）。

不可否认，上述研究成果在不同的情境下会被进行不同的解读。勿以恶小而为之，勿以善小而不为。大多数人都有自己的是非善恶标准，但我们的善意之举能否被他人接受呢？也许我们不应该以自己为中心去判断自己是否应该给予他人帮助，因为不考虑他人需求的善举反而可能会成为他人的负担与束缚，并让自己招致负面评价。

参考文献

吴言动, 王非, 彭凯平 . (2019). 东西方文化的人性观差异及其对道德认知的影响 . 心理学探新, 39 (1), 34-39.

Black, J. F., & Davidai, S.. (2020). Do rich people "deserve" to be rich? Charitable giving, internal attributions of wealth, and judgments of economic deservingness. *Journal of Experimental Social Psychology*, 90.

Carlson, R. W., & Zaki, J.. (2018). Good deeds gone bad : lay theories of altruism and selfishness. *Journal of Experimental Social Psychology*, 75, 36-40.

Kawamura, Y., & Kusumi, T.. (2020). Altruism does not always lead to a good reputation : a normative explanation. *Journal of Experimental Social Psychology*, 90.

Sandstrom, G. M., Schmader, T., Croft, A., & Kwok, N.. (2019). A social identity threat perspective on being the target of generosity from a higher status other. *Journal of Experimental Social Psychology*, 82, 98-114.

（李晓云）

10 社交中能不能问敏感问题?

"你多大了?"

"你的薪水是多少?"

"你对流产有什么看法?"

"你是否欺骗过你的伴侣?"

一个多世纪前礼仪专家 Duffey（1877, *The Ladies' and Gentlemen's Etiquette*）建议人们避免询问任何类型的敏感问题，以示礼貌。现如今，避免询问敏感问题，以免引起社交对象不适，似乎成了某种共识性社会规范。

我们担心提出敏感问题，因为这可能会损害与对方的关系。尽管礼仪专家已建议个人避免提出敏感问题，但事实上，这个建议仅仅是一种直觉性推测。

尽管人们普遍认为不应该提出敏感问题，但敏感问题往往正是我们所好奇的，提出敏感问题可以帮助我们掌握重要的信息。例如，了解朋友支付多少租金或同事赚多少钱，可以为我们做出重要的经济决策提供依据。同样，询问新朋友他们是否单身，他们的政治观点是什么，或者他们什么时候可能有了新的孩子，可以帮助我们更好地进行社交。

最近的研究显示（Hart et al., 2021），人们往往高估了提出敏感问题的人际关系成本。实际上，被问及敏感问题的当事人并没有感受到更多的不适感，也没有对提问者形成过糟的印象！

1. 研究背景

我们可以通过提问题来表达对他人的兴趣，从而改善人际印象和提高未来的互动质量，同时提问也为个体获得信息创造了机会。不过，与提出低风险问题相反，提出敏感问题是有风险的——敏感问题虽然可能引发有趣且有意义的对话，但也可能引起不适感。

然而，已有研究发现，关于有效印象管理策略的直觉信念（intuitive beliefs）可能并不准确。个体经常难以正确预测他人的体验。比如，我们常常低估他人与自己产生联系的意愿，从而表现出错误的独处偏好（Epley & Schroeder, 2014）；我们还会（错误地）低估别人请求帮助时的尴尬（Bohns & Flynn, 2010）。另外，我们也会夸大对话时自身行为的潜在消极后果，例如，在需要询问他人建议时，我们会担忧这会导致他人认为自己无知，但实际上，被寻求建议者对自己被问到有时会感到受宠若惊，并觉得寻求建议者赞赏自己的专业知识（Brooks et al., 2015）。

2. 研究过程

Hart 等人（2021）认为，人们对询问敏感问题的厌恶，反映了一种错误的心理假设：询问者预测提出敏感问题会冒犯被询问者，并损害自己给对方留下的印象，这导致个体错过了提出潜在有价值（但敏感）的问题的机会，并错失了重要信息。

研究者一共做了五项研究来验证这一假设。

敏感问题通常包括：（1）令人不适的话题；（2）不适当的问题；（3）隐私问题。研究者首先利用问卷收集了人们对周围人感到好奇却没有询问的问题。结果发现，人们最关注他人的感情状况（23%）、生活方式（15%）、工作情况（12%）、经济状况（10%）和家庭情况（9%）。与之对应的敏感问题包括："你是否欺骗过你的伴侣？""你对流产有什么看法？""你的薪水是多少？""你是否遇到过经济上的问题？"等。

在研究 1 和研究 2（结果见图 1）中，提问者和受访者通过在线聊天平台交互。结果发现，为了留下良好印象，提问者提出了较少的敏感问题，他们认为提出的问题越敏感，给对方造成的不适就越多，自己就越不受欢迎。然而，实际上，受访者自我报告的不适感和对提问者的印象并没有那么糟糕（甚至从研究 1 结果的绝对数值来看，提出敏感问题的个体还可以给对方留下稍好的印象）。

研究 3 探讨了提问者愿意通过金钱激励提出敏感问题的意愿，并评估了不愿提出敏感问题的经济后果。结果发现，即使明确地鼓励人们这样做，无论是预期会进行面对面交流还是会通过网络交流，人们都不太倾向于提自己希望了解的一些敏感问题。在对话之前，提问者会错误地预测，敏感问题将对受访者的感受以及受访者对提问者的印象产生负面影响。这导致提问者宁愿负担更多的经济损失也不愿意提问敏感问题。

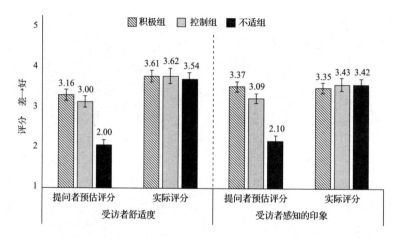

图1 研究2的结果（研究1和研究2的结果相似）

资料来源：Hart, E., VanEpps, E. M., & Schweitzer, M. E.. (2021). The (better than expected) consequences of asking sensitive questions. *Organizational Behavior and Human Decision Processes*, 162, 136-154.

研究4探讨了如果可以将问题的选择归因于第三方，提问者在面对面的对话中提出敏感问题的意愿（见图2）。

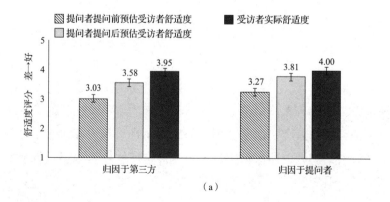

（a）

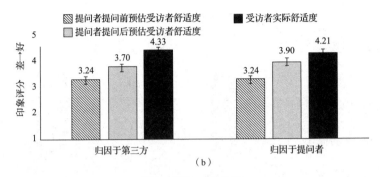

图 2 研究 4 的结果

资料来源：Hart, E., VanEpps, E. M., & Schweitzer, M. E.. (2021). The (better than expected) consequences of asking sensitive questions. *Organizational Behavior and Human Decision Processes*, 162, 136-154.

研究 5 在面对面对话的背景下，调查了受访者是朋友或陌生人时的情况。类似地，出于对自身印象管理的关注，和对受访者舒适度的关注，提问者特别不愿意在面对面的谈话中提出敏感问题，即使他们知道可以将问题的选择归因于外部来源。不论对方是朋友还是陌生人，提问者都高估了提出敏感问题对受访者的负面影响。但是，的确，提问者在面对朋友时，做出的关于敏感提问的后果预测会不那么消极，见图 3。

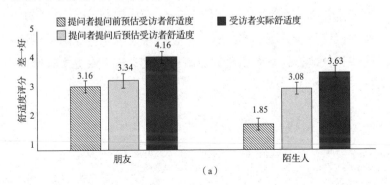

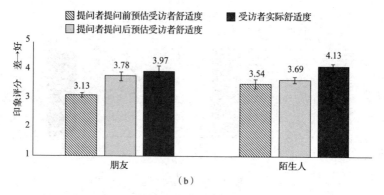

图 3 研究 5 的结果

资料来源：Hart, E., VanEpps, E. M., & Schweitzer, M. E.. (2021). The（better than expected）consequences of asking sensitive questions. *Organizational Behavior and Human Decision Processes*, 162, 136-154.

3. 启示：提出敏感问题时被高估的人际成本

出于对自身印象管理的关注和对社会规范的遵从，我们常常对询问敏感问题表现出反感。然而，这种厌恶情绪不仅可能在经济上造成高昂的成本，也反映了我们对提出敏感问题可能的消极结果的夸大。我们往往认为，提出敏感问题会导致对方不适，并有损于我们留给对方的印象，所以我们非常不愿意提出敏感问题，但这种担忧可能并不真实。这一研究成果挑战了存在超过百年的交谈和礼仪建议，并启示我们更新错误观念，去做更多有价值的信息交换。

参考文献

Bohns, V. K., & Flynn, F. J.. (2010). "Why didn't you just ask?":

underestimating the discomfort of help-seeking. *Journal of Experimental Social Psychology*, 46, 402-409.

Brooks, A. W., Gino, F., & Schweitzer, M. E.. (2015). Smart people ask for (my) advice : seeking advice boosts perceptions of competence. *Management Science*, 61 (6), 1421-1435.

Duffey, E. B.. (1877). The ladies' and gentlemen's etiquette : a complete manual of the manners and dress of American society.

Epley, N., & Schroeder, J.. (2014). Mistakenly seeking solitude. *Journal of Experimental Psychology*: *General*, 143, 1980-1999.

Hart, E., VanEpps, E. M., & Schweitzer, M. E.. (2021). The (better than expected) consequences of asking sensitive questions. *Organizational Behavior and Human Decision Processes*, 162, 136-154.

（宋艾珈）

11 领导者的两难处境：要掌声
还是要业绩？

1856 年 8 月，一群贫穷的美国西部拓荒者拖着摇摇晃晃的手推车来到了现在的内布拉斯加州的奥马哈，车上只有最低限度的食物。他们是威利手推车公司的职员，这是一群忠诚的移民，正要前往犹他州。该公司的副队长萨维奇（Levi Savage Jr.）对领导、同事说，他坚信，带着这么多的孩子和老人，在今年这么晚的时候再向西走，会有很多人死亡，还有更多的人将遭受不必要的痛苦。然而，大多数人都提出了反对意见：他们希望继续前进，而不是停留在内布拉斯加州，因为他们已经走了一段很长的路，并对前面的路很乐观。萨维奇最终放弃了自己的主张，选择帮助那些热忱的拓荒者向西进发。几天后，威利手推车公司开始了危险的旅程，并付出了巨大的代价。当救援人员赶到时，该公司已经因为寒冷、饥饿和痢疾损失了近四分之一的职员。

像萨维奇这样，领导者经常要做出艰难的决定，这些决定会以极其重要的方式影响他们的团队。

当面临关键决策时，为什么有些领导者会屈从于多数人的意见而选择放弃自己的判断？

人们通常会运用两种广泛的策略来获得高社会地位——统治（dominance）和声誉（prestige）。这两种策略反映了两种截然不同的动机、认知、情绪和行为。统治策略的特点是使用权力、胁迫自私地操纵群体资源，以获得和维持较高的社会地位。与统治策略不同，声誉策略的特点是展示知识、品德和技能，这些都是群体高度重视的。

看中声誉的领导者通常会以促进团队成功的方式行事，但也有一些因素可能会削弱这种倾向。因为声誉必须由群体自由授予，也就是说，声誉是群体成员自发授予而不是被领导者胁迫授予的，因此，以声誉为导向的人获得影响力的首要途径是获得其群体的认可和支持。

获得社会认可的一个直接方法是促进该团队的成功。社会认可的愿望和帮助一个团队成功的愿望往往是一致的：通过促成积极的团队成果，领导者可以在实现团队目标的同时获得社会认可。然而，当促成集体成功的愿望与获得社会认可的愿望发生冲突时，会发生什么情况呢？这是领导者经常面临的两难处境。例如，虽然要求员工周末上班可以让一家公司在截止日期前完成任务，但这种做法在员工中往往不受欢迎。

Case 等人（2018）做了五个相关的实验，其中前三个实验集中在人们对统治和声誉的取向的个体差异上。领导者面临两种行动方式选择：一种是做他们认为能促成团队成功的事情，另一种是做他们可能得到社会认可的事情。这三个实验都操纵了领导决策的透明性（公开 vs. 私下）。

拥有权力会引发一种以统治为导向的领导策略，既因为权力让人们通过操纵资源来胁迫他人，也因为权力让人们要求他人服从。因此，将人置于权力等级中会使人们倾向于采用以统治为导向的领导方式。与此相反，地位是由个体所受到的尊重和钦佩的程度决定的，它是由成员自由授予的，这与以声誉为导向的策略非常吻合。这种策略也注重积累尊重、钦佩。因此，处于高地位的人会通过尊重和赞赏来影响他人的行为。也就是说，将人置于一个高地位等级结构中，会使人倾向于采用一种以声誉为导向的领导策略。基于此，在后两个实验中，研究者将参与者分别置于两种类型的等级结构中（权力 vs. 地位），即使参与者置身于声誉导向（地位等级结构）中或统治导向（权力等级结构）中。

结果发现，当群体可能会对领导者做出负面评价时，以声誉为导向的领导者倾向于将受欢迎程度看得比业绩重，以此来保护自己的社会认可。这就像政客在面临可能失去选民的支持时，通过做出他们认为会赢得选民支持和赞扬的决定来迎合选民。此外，决策透明度也会影响这类领导者的决策：公开决策时，他们愿意为社会认可而放弃群体绩效；然而，在私下决策时，他们更倾向于根据绩效目标来做决定。

萨维奇违背了他自己更好的判断，而是迎合了群体的愿望。我们不知道萨维奇的声誉有多大，有多少人敬重他，但从他遵从群体意愿的决定来看，我们会猜测，他或许非常想要得到他的团队的认可和尊重。其实，即使没有萨维奇的帮助，与萨维奇同行的许多拓荒者也会继续前进。但是，如果他当时听从自己的判断留下来过冬的话，其他许多拓荒者可能也会留在奥马哈，那么他们的生命甚至健康都能保住了。

做出艰难的决策和促进团队业绩都是领导者的基本职能，因而领导职位也通常会授予给那些能够做出有利于团队的决策的人。

所以，在不威胁到自己的社会认可度时，以声誉为导向的领导者也不会做出牺牲团队业绩的决策，毕竟业绩是团队生存的基础。那么，如果有一天你也成了"萨维奇"，也面临这样两难的决策处境，你会选择做哪种类型的领导者，是要掌声还是要业绩？

参考文献

Case, C. R., Bae, K. K., & Maner, J. K.. (2018). To lead or to be liked : when prestige-oriented leaders prioritize popularity over performance. *Journal of Personality and Social Psychology*, 115, 657-676.

Cheng, J. T., Tracy, J. L., Foulsham, T., Kingstone, A., & Henrich, J.. (2013). Two ways to the top: evidence that dominance and prestige are distinct yet viable avenues to social rank and influence. *Journal of Personality and Social Psychology*, 104, 103-125.

（徐雨濛　段锦云）

12 升职了，我们还能做朋友吗？

> "我感觉很难管理我的下属，尤其是这些下属曾经是我的同事或朋友，因为我们曾经都处于同一层次……"

在任何组织中，身份转变都是一个普遍的现象。也许昨天我们还是同事关系、朋友关系，明天我们就会变成上下级关系。因此，快速地适应新身份是非常重要的，这也是个人能力的体现。然而在现实的组织情境中，个体经常面临由朋友关系向上下级关系转变带来的心理冲突（leader/friend conflict）。

1. 这种心理冲突产生的原因及结果

已有研究表明（Methot et al., 2016），个体在工作场所与同事建立良好的朋友关系，能提升团队的工作绩效，但是维持双重关系对个体来说是劳心的、困难的。个体若作为领导者与下属（相比于同事）维持朋友关系则更是困难重重，个体从而陷入心理冲突。其原因在于：领导者和追随者通常被认为在权力上是不平等的；但是朋友关系是平等的。

因此，在组织中，当个体成为领导者后，随着权力的提

升，其拥有的朋友会减少。从领导者的角度看，个体的权力动机
（power motivation）增强而亲密动机（intimacy motivation）减弱，
会使其注重团队目标而忽略朋友的想法，从而威胁了朋友关系；
从追随者的角度看，员工对领导者的刻板印象越强烈，员工与领
导者的权力距离就越大，从而降低了员工维持朋友关系的意愿。
结合两者可以得出，领导者与下属之间的权力差异越显著，双方
的相似性越低，双方的友谊越容易破裂，因为相似性是建立友谊
的前提。

此外，领导者身份的建构通常有三个层次：个体层次，即关
注自己与他人的相似性与差异性；关系层次，即关注自己与他人的
关系；团队层次，即关注整个团队。当个体刚担任领导时，地位的
不稳定使其关注个体层次，关心其领导身份是否能够被团队成员
承认。因此，新任领导者会努力寻求下属的支持。而原先是朋友的
下属通常不愿意马上承认这种权力的不平等，这也破坏了双方的
友谊。

2. 两种冲突类型

Unsworth 等人（2018）大致将冲突分为两大类。一是易受剥削
型冲突，即下属借朋友之名向领导者提出一些无理要求，表现为对
领导者过分较真、要求早下班、寻求个人支持、期望提升待遇等。
二是基于权力的冲突，即个体必须行使作为领导者的权力，否则
会产生心理不适感。这类冲突常常发生在保密问题（例如，朋友
会向你索取一些信息）、惩罚问题（例如，朋友在工作上犯了小错
误）、指令问题（例如，朋友拒绝你的工作安排）等问题情境中。

3. 应对冲突的方式

放弃领导责任：当某人面临领导—朋友身份冲突时，他在放弃承担领导者应尽的义务时通常表现为两种途径：（1）他在交代自己的下属朋友处理公事时，经常会借用高级别领导之口，如"不是我想要你完成这项事务，而是上级领导要求的，我也没办法"；（2）他完全忘记自己的领导责任，只关注朋友的感受。

结束朋友关系：当某人成为领导后，为了避免心理冲突，他不再与那些原来是朋友的下属继续做朋友，如个体在下班后不再参与朋友之间的喝酒、玩闹等情感交流活动。但这并不意味着个体成为一名领导后就变得不可接近，他仍会友好地领导所有下属，只是这种行为态度是一视同仁的。

建立身份界限：为了避免领导—朋友身份冲突，领导者虽然同时承认领导身份和朋友身份，但是他只允许自己在一个时间段内扮演一种角色，如在上班时间扮演领导者角色，在工作场所外扮演朋友角色。但是，在某些特殊情况下，个体的两种角色没法儿完全区分。例如，当某个下属的孩子因故去世，考虑到与该下属之间的亲密关系，领导者会容忍其工作上的一些小问题，但是若该下属以朋友关系长时间如此行事，领导者又必须履行领导者的职责，此时领导者面临的身份冲突会加剧。

兼任两种角色：领导者在工作场所中既扮演领导者角色又扮演朋友角色。例如，当下属面临家庭烦恼时，作为好朋友会给予一些建议，但是作为领导者也需时刻要求下属认真完成工作任务。领导者如果可以较好地在两个角色之间切换，公私分明，那么其心理冲突也会降低，在成为领导者后仍能稳固双方的友谊。

利用朋友关系：借朋友之名，行领导之实。例如，当领导者亟须解决某个问题，而团队中又无人愿意担当重任时，此时若某下属是其亲密朋友，那么领导者会希望该下属能支持其决策。

4. 我到底该怎么办？

在实际生活中，人们解决这种心理冲突的方式取决于冲突的具体类型和领导身份感知。

当领导者面临的冲突是易受剥削型冲突时，他倾向于选择放弃领导责任或结束朋友关系；反之，当领导者面临基于权力的冲突时，他会通过结束朋友关系或建立身份界限来化解冲突。

以下三种领导身份感知各自对应不同的冲突应对方式（见图1）：第一种是以任务为中心和以权力为导向，具有明确的目标（晋升权力/职位），如"我是你的领导，你必须要……""你这样做是错的"，其应对策略是结束朋友关系；第二种是没有清晰的领导者身份认知，个体在管理团队时会忘记从领导者的角度考虑，其应对冲突的方式有放弃领导责任、建立身份界限、兼任两种角色；

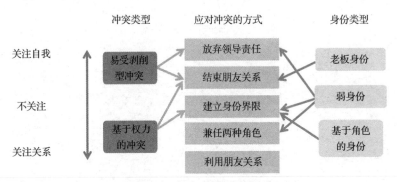

图1　冲突的分类及应对方式和领导身份感知

第三种是认为领导者只是一个角色或只是一份工作，此时个体通常遵循公司规则和听从上级指令，并不关注上下级关系，倾向于选择建立身份界限。

参考文献

Methot, J. R., Lepine, J. A., Podsakoff, N. P., & Christian, J. S.. (2016). Are workplace friendships a mixed blessing? : exploring trade offs of multiplex relationships and their associations with job performance. *Personnel Psychology*, 69（2）, 311-355.

Unsworth, K. L., Kragt, D., & Johnston-Billings, A.. (2018). Am I a leader or a friend? : how leaders deal with pre-existing friendships. *The Leadership Quarterly*, 29（6）, 674-685.

（王　细）

13 时间洞察：失衡的管理者更易做出不道德行为

在著名的棉花糖实验中，为什么有的孩子会立即吃掉糖果，而有的经受住了时间的考验？

在电影《哪吒之魔童降世》中，为什么哪吒喊出的"我命由我不由天"为人所津津乐道？

为什么有的人说"回忆是美好的"，而有的人却说"不想回忆过去"？

时间在生活中是核心的存在，每个人的一举一动都在时间中发生……说到底，对时间的认知因人而异，是每个人主观上对时间的把握。

心理学家菲利普·津巴多和约翰·博伊德对时间心理学的研究做出了巨大贡献。他们提出，时间洞察力（time perspective）是建构心理时间的一个基本维度，是从将人类经验划分为过去、现在和未来的时间框架的认知过程中产生的。

过去时间观包括过去消极观（past-negative）和过去积极观（past-positive）。过去消极观反映了对过去的普遍否定和厌恶，可能是由于不愉快或创伤事件的真实经历、良性事件的消极重建，或两者的混合，通常暗示着创伤、痛苦和遗憾。过去积极观反映了对过去的积极思考与热情，过去的经历被视为怀旧、乐观和愉快的。

现在时间观可以以享乐主义或宿命论的方式被感知。现在享乐主义者敢于冒险、享受当下，倾向于现在的快乐，而不关心未来的后果，强调基于享乐主义原则下的需求的立即满足。宿命论则对现在有一种听天由命的态度，强调天命、运气和其他外部因素的作用，这揭示了对未来和生活的无助和绝望。

未来导向时间观反映了总体的未来方向：有目标，为未来制订计划，并采取行动以增加执行计划和实现目标的机会。

平衡的时间洞察力（balanced TP）对个人的心理和身体来说是最健康的，此时个人拥有最佳的社会功能。也可以说此时时间洞察力的每一个维度都有一个最佳值。此时，关注未来便有了一双飞往新成就的翅膀；关注积极的过去为自己建立的基础和个人身份认同；关注现在的享乐主义，则既注重日常生活中对感官的快乐感受，又能够在必要时为了长期目标而牺牲或平衡当前的快乐。反之，失衡的时间洞察力（deviance BTP）便是偏离了其最佳值，出现了偏差。

每个人在生活中都扮演着多重角色，每个角色或许都需要做各种决策，所有的决策都在时间中进行。那么，公司的决策人做出的决策会受到个人时间洞察力的影响吗？答案是肯定的！

Unger 等人（2016）的研究探讨了时间洞察力对不道德商业行为的影响。这里的不道德商业行为分为两种：基于规则的问题（rule-based issues）和社会关注的问题（social-concern issues）。基于规则的问题包括违反法律等，例如"将公司资金用于自有投资"

或"生产风险产品以降低成本";社会关注的问题指个人和社会交往,例如"宣布接受贿赂"或"接受不平等的收入分配"。

商业道德在本质上涉及决策人的选择和决策过程。毕竟公司的一切活动都是由人主导的(管理者决策),且对社会、市场、消费者以及公司的所有人都有着直接或间接的影响。这种影响主要是积极的还是消极的,在很大程度上取决于管理者决策是否违反商业道德。

有学者提出,决策和企业行动通常处于道德和营利的权衡中。毫无疑问,管理者希望自己做出的决策能使得公司的利益最大化。当然,这需要区分短期利益和长期利益。违反商业道德可能会在短期内带来快速的利润(但这可能意味着一些个人风险以及经济风险);而从长远来看,一个符合商业道德的持续、诚实的企业可能会带来可持续的利润。一个有长期取向的管理者比一个有短期取向的管理者更有可能做出这种决策。但是,当预期利润增长很快与商业道德形成冲突时,就很容易出现两难局面。在某些情况下,不安全的法律结构、腐败和高水平的竞争会加剧这种两难困境。

研究结果表明,在基于规则的问题上,时间洞察力与商业道德相关:有当前享乐主义倾向的管理者容易寻求短期收益,因为他们会忽略可能的不利因素(比如在不远的将来对违反商业道德的制裁)。因此,现在享乐主义的时间观对道德标准的执行是有害的,而过去积极观和未来导向时间观被认为是抑制不道德行为的有益因素。

宿命论者可能由于责任感和机会的减少,在两种类型的道德问题上都加强了不道德行为的行为意向。宿命论时间观对决策者的行为有着不良影响。

如果说对个人而言自我觉察是一门必修课，那么，作为一名管理者，如何洞察自己的时间就显得尤为重要，这可能决定着一个公司的命运。

正如津巴多在 TED 演讲中所说：幸福和成功根植于被我们大多数人所忽视的特质——我们对待过去、现在和未来的方式——中。

祝所有人都能成为更好的自己！

参考文献

Unger, A., Yan, J., & Busch, R.. (2016). The relationship between the Zimbardo time perspective inventory and violations of business ethics in China: unbalanced time perspective increases the acceptance of unethical business behavior. *Time & Society*, 28 (1), 83-106.

Boniwell, I., Osin, E., & Sircova, A.. (2014). Introducing time perspective coaching: a new approach to improve time management and enhance well-being. *International Journal of Evidence-based Coaching & Mentoring*, 12 (2), 24-40.

Zimbardo, P. G., & Boyd, J. N.. (1999). Putting time in perspective: a valid, reliable individual-differences metric. *Journal of Personality & Social Psychology*, 77 (6), 1271-1288.

（陈佳言　段锦云）

14　外语思维让你更宽容

请设想以下情境：两名员工都在某个项目中担任重要职位，并且他们都十分出色地完成了项目任务。于是公司拿出了一笔奖金（10 000 元），两位员工每人可得 5 000 元。而项目负责人出于私人原因，想把这 10 000 元全都给与自己关系亲密的那位员工。你觉得该负责人的行为道德吗？

对于类似的情境多数人都会评价其行为是不道德的。但是当该情境以外语描述时，你的道德评价会发生改变吗？

Cipolletti 等人（2015）认为，个人的道德评价会因为语言的不同而发生改变。他们发现当研究者用外语描述电车困境（trolley dilemma）时，较高比例的被试会支持牺牲一个人来救五个人的行为；反之，当用母语描述该情境，被试支持这种行为的比例会显著下降。

但 Geipel 等人（2015）认为这些两难问题都涉及了数字上的权衡，不能较好地解释外语对道德评价的影响。因此，他们对那些相对无害但又普遍被谴责的违规行为进行研究，结果发现外语对道德评价的影响仍然存在——人们对用外语描述的违规行为进行道德评价时，所表现出的宽容度要明显高于用母语描述时。

那么，外语如何影响道德评价，其过程是否反映了负面情绪的作用呢？研究人员选取78名母语为意大利语的学生，要求被试在阅读材料中的违规行为后评估自己的负面情绪强度，然后再对该违规行为做道德评价。结果发现，当这种不道德行为违反人性的原则时，如虐待动物、违背伦理等，使用外语会降低被试对该行为的负面情绪，从而会提高对该行为的容忍度；当这种不道德行为只是违反公平原则时，使用外语或母语描述，被试的负面情绪无太大差异，但是使用外语会提高被试对该行为的容忍度。所以，负面情绪起着部分中介的作用（解释了部分原因）。

后来，研究人员又提出以下疑问：外语为什么会影响道德评价？于是研究者要求被试在完成道德评价后回答两个问题：你对自己的评价有多大把握？你感觉材料中的人与你的关系近吗？并要求被试评估15件生活中常见事件的不道德程度。

结果发现：（1）人们对用外语描述的不道德行为进行道德评价后，自信心显著低于用母语描述；（2）虽然用外语描述使人们容易将被评价者认定为外国人，但与用母语描述相比，这种关系距离感上的差异并不显著；（3）人们在母语使用中经常对生活中的常见事件进行道德评价，用母语评价的熟练度高于用外语评价，所以用外语描述时人们进行道德评价会表现出更多宽容。

由此，研究人员认为，当使用外语描述时，由于对外语的熟悉度不够，人们会产生较大的不确定性，自信心也不足，从而无意识地降低了自己的道德评判标准。

为了进一步解释外语对道德评判的影响过程，研究人员还提出了两种相互对立的假设：一种是控制性加工假设（controlled-processing hypothesis），指直觉使道德机制从自动化模式转为控制模式，要求从功利性角度理性地分析，如电车困境；另一种是自动性加工假设（automatic-processing hypothesis），指道德机制一直维持自动化模式，但情绪化因素能够抑制严格的道德评判的出现，如人行桥困境（footbridge dilemma）。

研究发现，外语对道德评判的影响符合自动性加工假设，原因是：（1）人们在外语情境下自信心较低，会受情绪的影响，所以符合自动性加工假设；（2）在外语情境下，人们的认知加工能力并没有表现得更出色，也就意味着不存在复杂的理性分析过程，所以不符合控制性加工假设；（3）在母语情境下，人们更容易唤起日常生活中对不道德行为的回忆与相应的社会规范，这些回忆通常会伴有情绪体验，所以符合自动性加工假设。

参考文献

Cipolletti, H., McFarlane, S., & Weissglass, C.. (2015). The moral foreign-language effect. *Philosophical Psychology*, 29 (1), 23-40.

Geipel, J., Hadjichristidis, C., & Surian, L.. (2015). How foreign language shapes moral judgment. *Journal of Experimental Social Psychology*, 59, 8-17.

Geipel, J., Hadjichristidis, C., & Surian, L.. (2015).The foreign language effect on moral judgment: the role of emotions and norms. *Plos One*, 10 (7), 1-17.

Geipel, J., Hadjichristidis, C., & Suriana L.. (2016). Foreign language affects the contribution of intentions and outcomes to moral judgment. *Cognition*, 154, 34-39.

（王　细）

15 不快乐是因为你老走神

英国哲学家、心理学家 John Stuart Mill 曾提出一个问题："你到底是愿意做一头终日快乐的猪，还是一个愁眉苦脸的苏格拉底？"Killingsworth 和 Gilbert 在 2010 年的一项研究可能会帮助我们理解这个问题。

1. 为什么人很难成为"快乐的猪"？

人们花了很多时间来思考他们周围没有发生的事情，思考过去发生的事情、未来可能发生的事情，或者永远不会发生的事情。与刺激无关的思维和心智游移（wandering，俗称"走神"）似乎是人类大脑的默认运作模式。尽管这种能力是一种非凡的进化成就，它允许人们学习、推理和计划，但它可能会让人付出情感上的代价。许多哲学和宗教传统指出，幸福感是通过活在当下找到的，人们被训练来抵制心智游移和"活在当下"。这些传统表明，走神的思维是一种不快乐的思维。

2. 苏格拉底为什么愁眉苦脸？

实验室中已经揭示了很多关于心智游移的认知和神经基础，

但很少有关于它在日常生活中的情绪后果。这两位研究者便想了解心智游移对我们的情绪有何影响。但研究这种影响存在一个问题：调查真实世界中的情绪最可靠的方法是经验取样，它包括在人们进行日常活动时联系他们，并要求他们报告他们当时的想法、感受和行动。但从大量人群日常生活中收集实时数据是如此烦琐和昂贵，以至于经验取样很少被用来调查心智游移和幸福感之间的关系，而且这种调查总是局限于非常小的样本。

于是，他们想出了一个巧妙的方法：通过为 iPhone 开发一个 App 来解决这个问题。于是他们用它建立了一个非常大的数据库，实时记录人们的想法、感受和日常活动。该 App 在参与者醒着的时候通过他们的 iPhone 随机联系他们，向他们提出问题，并将他们的答案记录在数据库中。该数据库目前包含近 25 万个样本，样本来自 83 个不同国家、约 5 000 人，年龄从 18 岁到 88 岁不等，他们代表了 86 个不同的主要职业类别。

为了了解人们心智游移的频率、走神的主题，以及走神对他们幸福感的影响，研究者对 2 250 名成年人（58.8% 为男性，73.9% 的人居住在美国，平均年龄为 34 岁）的样本进行了分析。

他们首先被随机分配回答关于幸福感的问题："你现在感觉如何？"让他们在从非常差（0）到非常好（100）的连续滑动量表上作答。然后是："你现在正在做什么？"让他们在 22 个活动中选择一个或多个（改编自"日重现法"）。最后让他们回答关于心智游移的问题："你是不是在想一些与你正在做的事情无关的其他事情？"答案包括四个选项：（1）没有；（2）是，是愉快的事；（3）是，是中性的事；（4）是，是不愉快的事。

他们的研究结果揭示了三个事实。

第一，人们经常"走神"，不管他们在做什么。46.9% 的样本表明人们在除了做爱之外的每一项活动中都会"走神"（心智游移）。在现实世界中，心智游移的频率比实验室实验中高得多。令人惊讶的是，人们活动的性质对他们是否走神只有很小的影响。

第二，当人们的大脑处于走神状态时，他们的快乐程度比不走神时要低（$b = -8.79$，$P < 0.001$），这在所有活动包括最不愉快的活动中都被证实了。尽管人们的思维更倾向于选择愉快的话题（42.5% 的样本），而不是不愉快的话题（26.5% 的样本）或中性话题（31% 的样本），但人们在思考愉快的话题时相比他们当前正在进行的活动人们并没有感受到更多快乐（$b = -0.52$，不显著）。在思考中性话题（$b = -7.2$，$P < 0.001$）或不愉快话题（$b = -23.9$，$P < 0.001$）时，他们的幸福感明显低于从事当前活动所带来的幸福感。尽管负面情绪会导致走神，但通过时滞分析研究者显著地发现，走神通常是不快乐的原因，而不仅仅是结果。

第三，人们在想什么（即是否走神）比他们在做什么更能预测他们的幸福感。活动性质解释了 4.6% 的个体幸福感差异、3.2% 的人际幸福感差异，但走神解释了 10.8% 的个体幸福感差异、17.7% 的人际幸福感差异。走神所解释的变异与活动性质所解释的变异基本无关，这表明两者对幸福感的影响是独立的。

从这些结果来看，我们似乎不得不成为愁眉苦脸的苏格拉底。因为人的思维具有一种游移不定（不专注）的固有特性，而不专注的思维是一种不快乐的思维。所以，看上去，思考没有发生的事情的能力是一种以情感为代价的认知成就。

苏格拉底在散步中完成了他的哲学思考，而我们普罗大众游移不定的思维似乎没那么有用，甚至是该极力避免的。

参考文献

Killingsworth, M. A., & Gilbert, D. T.. (2010). A wandering mind is an unhappy mind. *Science*, 330 (6006), 932.

（孙涵彬　段锦云）

16 为什么生活需要仪式感?

王小波说:一个人只拥有此生此世是不够的,他还应该拥有诗意的世界。

心理学家荣格说:正常的身心需要一定的仪式感。

村上春树说:仪式是一件很重要的事情。

不知从何时开始,"仪式感"这个词在人群中掀起了一股潮流,大家发现似乎生活中到处都需要仪式感。

爱情和婚姻需要仪式感,就像电影《北京遇上西雅图》里的台词:"他也许不会带我去坐游艇吃法餐,但是他可以每天早晨为我跑几条街去买我最爱吃的豆浆油条。"

工作和生活中也需要仪式感,正如曾大火的电视剧《安家》,里面的房产中介店长要求自己的员工在门店前跳"上进操"。

仪式似乎已经被认为是一件可以提高生活幸福感和促进人际和谐的事情。然而,事实真的如此吗?

1. 何谓仪式?

Hobson 等人(2018)将仪式定义为:(1)有预先定义的序列,其特征是刻板、形式性和重复,并(2)将其嵌入一个更大的象征和意义系统中，但（3）缺乏直接的工具性目的的行为。

根据这个定义，我们可以看出仪式具有几个特征。

（1）仪式具有一系列特定的身体特征，这些特征与构成仪式的个人行为的特征有关，并且往往以刻板、正式和重复的方式组织起来（Rossano，2012）。这就将仪式与习惯这个概念区分开来，因为仪式通常需要"一丝不苟地"遵守规则。

（2）仪式行为的不变性也与仪式背后的某些心理因素有关，这通常会增强仪式行为本身的象征性意义。比如，我们经常在美剧中看到，有基督教信徒的家庭在饭前都会祷告，大家用一样的语言、手势、姿态，如果有一处有误，恐怕这顿饭就吃不好了。

（3）仪式的最后一个特征是它是身体特征和心理特征的结合。也就是说，仪式要么缺乏明显的工具性目的，要么仪式行为本身并不直接与既定目标有因果关系，这被称为仪式的"因果不明"（Kapitány & Nielsen，2015）。比如，跳操本身不被认为是一种仪式，但当"上进操"每天都在同一地点、同一时间、同一工作群体身上发生，而且被卷入的个体并不知道行为本身的意义是什么时，"上进操"就变成了一种仪式。

2. 仪式的功能有哪些?

Hobson 等人（2018）以控制论为基础提出仪式具有三种调节功能，即仪式可以调节（1）情绪，（2）目标状态，以及（3）社会关系。Hobson 等人通过建立一个框架来解释仪式的三种功能，即对于每种功能，都从自下而上和自上而下两个心理过程进行解释。由于仪式是身体特征和心理特征的独特结合，因此，仪式的每一种功能都将涉及不同程度的自下而上和自上而下的加工融合。

对情绪状态的调节

仪式可以作为缓冲带来对抗强烈负面情绪的有害影响。仪式通过自下而上的路径调节情绪主要包括两种机制。（1）转移注意力。仪式的刻板行为和重复行为可以将一个人的注意力从情绪上引开，从而将个体的注意力引向特定的动作和感官体验。比如，运动员在比赛之前会做一些祈祷手势来缓解焦虑。（2）对秩序的强调。成功地完成一个有组织的动作序列，通过这个机制，仪式可以改变情绪。正如 Whitson 和 Galinsky（2008）发现，当对秩序的需求被干扰时，人们更倾向于去寻找连贯和有关联的错觉模式来进行补偿。

仪式通过自上而下的路径调节情绪也有两种机制。（1）成功的信号。成功地完成一种仪式会产生积极的感觉，这就像一个信号，告诉自己你可以控制局面。Norton 和 Gino（2014）发现，参与仪式行为会让参与者在遭受重大损失后产生更强的个人控制感。（2）象征性意义的转移。对仪式意义的评估可能有助于减轻负面情绪的影响。特别是在宗教仪式中，对仪式做出象征性意义的评价给人们提供了一种舒适感，因为这个过程在提醒人们，自己属于一个更大的组织（例如，一个群体、一个信仰系统）。

对目标状态的调节

重要事件通常以仪式的出现作为开始或标志。因此，仪式似乎给个体提供了一个动机背景，从而使个体进一步调节目标状态。自下而上的加工路径主要有两种机制。（1）对目标的集中注意。例如，一组实验发现，与进行其他行为相比，仪式可以通过提高消费者的参与程度来增强饮食体验（Vohs et al., 2013）。就饮食而言，该行为的目的就是吃。重复、刻板的动作仪式将个体的注意力集中到食物上，从而使个体更专注于"吃"。（2）提供动机背景。由于仪式本身是身体和心理特征的独特结合，因此，个体在进行不同的仪式时，就相应地获得了不同的动机背景，从而调节了自己的目标状态。比如，婚礼和葬礼的仪式是不同的，这就给个体提供了不同的动机背景，从而表现出不同的行为。

在自上而下的加工路径中，类似于情绪调节，成功完成一种仪式会让个体认为自己的这种行为是有意义的。这种成功的仪式经验，反过来会提升个体的自我效能感。Hobson 等人（2018）提出，这个过程起到类似于安慰剂的作用，也就是说，只要员工相信"上进操"可以提升自己的业绩，这种信念就会增加员工工作成功的可能性。

看到仪式的这两种加工路径后，大家是否发现，在调节目标和情绪的过程中，注意力所起的作用存在明显的矛盾。在调节情绪方面，进行仪式的目的是将注意力移开负面情绪，而对目标状态的调节却又将注意力转移到目标上。Hobson 等人（2018）提出，这可以用他们提出的框架（自上而下的加工和自上而下的加工）和仪式所处的背景的结合来解释。例如，一种仪式，如果更多的是重复、刻板的行为（自下而上），而缺少象征性意义（自上而下），那么这种仪式就更适合调节情绪而不是调节目标状态。

对社会关系的调节

大多数仪式都是在团体中进行的，类似于宗教仪式。当仪式将个体与他人相联系的时候，仪式就会被当作一种社会事件被体验，进而成为大型团体运作的核心。作为一种强大的社会调节机制，仪式的社会关系调整功能是十分复杂的，Hobson 等人（2018）认为，仪式的社会功能主要以两种方式运作。

首先，仪式可以增进团体成员之间的关系。（1）自下而上的加工路径是共同关注。这类似于 Durkheim（1915）提出的"集体沸腾"的概念，这是因为共同的注意力和情感体验增强了群体的凝聚力。此外，该路径的第二个机制是行为的一致性，特别是参与到与他人在形式和时间上都匹配的行为。行为的一致性会增进团体成员之间的良好的人际关系。（2）自上而下的加工路径的实现需要一个前提条件——该行为被认为是仪式性的。第一，在其他人在场的情况下完成一种仪式会为他人提供重要信息，这些信息可以用来推断参与者与该群体的关系。第二，当仪式固有的象征性意义与参与仪式的其他人相关时，仪式更可能通过自上而下的加工来增强群体的凝聚力。举例来讲，如果员工不认为"上进操"是一种仪式，那么这种行为就无法对组织产生影响。

其次，仪式可以帮助个体学习社会文化规范。同样该功能在 Hobson 的框架下也有两条加工路径。（1）自下而上的加工（包括两种机制）。第一，注意力的限制。与仪式调节情绪和目标相同，这种机制也是通过将个体的注意力集中在仪式行为本身，从而强化仪式和相关的规范。第二，第二种机制解释了仪式在文化学习中的作用。由于仪式本身的刻板性和序列性，仪式更容易被记住和模仿，这为日后在生活中学习更复杂的规范提供了基础。（2）自上而下的加工（也包括两种机制）。第一，对意义的标记。由于仪式具有象征性意义和因果不明确性，出于归因的需要，仪式通常会被标记为重要的和有意义的事情。这是至关重要的，因为个体可以明白行为的意义并获得指导。第二，Hobson 等人认为，文化学习是通过仪式来维持的，通过重复同样的行为，仪式的象征性意义被转移到规范上。例如，虽然员工不知道自己为什么要跳这种看起来愚笨的早操，但是为了合群，他将这标记为一件非常重要的事情。如果企业文化倡导积极进取，那么员工可能会逐渐将"上进操"的意义标记为维持激情。

3. 结语

仪式，这个过去我们认为只存在于宗教中的词，已然悄无声息地潜入了我们的生活之中。按照 Hobson 等人（2018）的定义，大年初一的新衣服、生日宴会上的生日蛋糕、端午节吃的粽子，实则都可以被称为是一种仪式。

追求仪式感并不代表必须遵循刻板的行为。正如 Hobson 等人（2018）提到，随着时间的推移，通过重复的练习，新手变成了专家，此时仪式的象征性意义比严格遵守其规则变得更重要。这意味着仪式背后的意义要比刻板的行为本身更加重要。

因此，不如从一些小事开始赋予生活仪式感吧：一碗长寿面、一顿营养美味的早餐、餐桌上的一束鲜花、开学前的新书包……

参考文献

Durkheim, E.. (1915). *The elementary forms of religious life.* New York, NY : The Free Press.

Hobson, N. M., Schroeder, J., Risen, J. L., Xygalatas, D., & Inzlicht, M.. (2018). The psychology of rituals : an integrative review and process-based framework. *Personality and Social Psychology Review*, 22 (3), 260-284.

Kapitány, R., & Nielsen, M.. (2015). Adopting the ritual stance : the role of opacity and context in ritual and everyday actions. *Cognition*, 145, 13-29.

Norton, M. I., & Gino, F.. (2014). Rituals alleviate grieving for loved ones, lovers, and lotteries. *Journal of Experimental Psychology General*, 143 (1), 266-272.

Rossano, M. J.. (2012). The essential role of ritual in the transmission and reinforcement of social norms. *Psychological Bulletin*, 138, 529-549.

Vohs, K. D., Wang, Y., Gino, F., & Norton, M. I.. (2013). Rituals enhance consumption. *Psychological Science*, 24, 1714-1721.

Whitson, J. A., & Galinsky, A. D.. (2008). Lacking control increases illusory pattern perception. *Science*, 322 (5898), 115-117.

（王梦琳）

17 心理学教你如何"四两拨千斤"

很多人在提到心理学的应用时都会想到心理咨询与治疗，但却忽略了心理学在（产品以及政策等的）设计上对人类行为改变的巨大作用。

将科技运用到日常生活中是数百年以来的主题。科学家注重将科技融入生活中，以提高人们的生活质量，工程心理学在这之中起到了非常重要的作用。

工程心理学是以人-机-环境系统为对象，研究系统中人的行为及其与机器和环境相互作用的特点的工业心理学分支。它的目的是使工程技术设计与人的身心特点相匹配，从而提高系统效率，保障人机安全并使人在系统中能够有效而舒适地工作。新型交互技术就是其中的代表，包括自适应技术、视线交互技术和点击增强技术。

自适应技术是一种能够根据用户的特点进行推论，并能适应用户操作的界面技术。这类技术多运用于智能提示学习键盘的设计上。

视线交互技术是利用视线信息来完成人机交互的新型交互技术，其特点是交互的自然性。比如，其中的视线点击技术就是用用户视线来代替传统鼠标，以实现指令输出的一种眼动控制技术。

借助这一技术，我们不需要使用鼠标进行点击，只是通过视线就可以完成这个任务。这省去了非常多的不必要步骤，将会使得指令输出变得更加方便。

点击技术是指用户采用鼠标等对界面特定视觉操作对象（图符等）进行指点或拖拽操作；点击增强技术是对点击技术的绩效或界面进行改进或优化的技术，其目的在于提高用户的界面输入操作绩效。

以上这些技术都是工业心理学应用于产品设计的范例。可以想象，这样的技术能使产品的设计更加人性化，使我们的日常生活更加方便。例如，在苹果公司的诸多专利中，最不起眼但最方便的一项却是充电器数据线插头（见图1）。与其他公司不同，苹果公司的充电器数据线插头正反面的设计是一样的。也就是说，在你想要充电的时候，不需要停下来分辨正反面，直接插入手机接口就好。

图1 苹果公司的充电器数据线插头

但是，我们身边依旧还是有非常多的不符合我们日常习惯的设计，最常见的莫过于我们常用的电源插排了。图2所示的电源插排，明明可以插两个插头，但事实上却不能同时插两个！为了解决这一问题，国外的设计师已经设计出了一种160°的插座，如此这个问题就很完美地解决了。

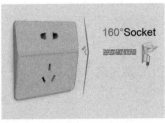

图2　不同的插排设计

心理学不仅可用于工业领域，以提高产品设计的可用性，同时也可用于公共政策领域，来改变人们的行为。

例如，我们在我国的很多地方都能看到电梯上挤满了人，如果你有什么急事想要快点上去，也没有办法，只能等。对于这一问题心理学家是这样解决的：他们在电梯的一侧贴上了一些表示行走的脚印，以此来提醒人们电梯的一侧是用来行走的，人们自然地就会站在电梯的另一侧，空出旁边的位置方便急着赶路的人行走，见图3。

图3　心理学在电梯上的应用

促成行为改变有多方面的因素，心理学的作用就是帮助我们更好地理解行为为何发生，以及如何用小的措施来推动大的行为的改变，从而助推人们形成自觉行为。例如，在男士小便池上贴一张苍蝇图案来减少喷溅情况；在垃圾桶上贴上脚印图案来减少乱丢垃圾的情况；在小吃店收小费的桶上写上"good tippers make better lovers"（良好的付小费的人，会是好的爱人）的标语，使得人们更多地付给小费（美国人在饭店吃饭一般都会给小费），见图4。

图 4 心理学促进行为改变示例

曾有一个关于人们将来是否愿意捐献器官的研究。捐献协议中有一个默认选项，这个默认选项是不同意器官捐献。如果被试愿意捐献的话，则需要手动选择，同时要填写一些必要文件。因为这个注册程序本身就够烦琐了，最终很少人有意识地去选择，因此最终数据显示有较少的人愿意捐献器官。但是，一旦把这个默认设置变为同意捐献之后，最终数据显示愿意捐献的人数上升了将近十倍！难以想象，只是改变了一个小小的默认选项，器官捐献的人数大大提升。

第二次世界大战时期，由于国内食物短缺，美国政府希望每户家庭可以将动物内脏作为食物，以支持战争需要。但是美国人认为内脏很脏，都不愿意把它作为食物。对此，政府将一些家庭主妇聚集在一起，向她们宣传吃内脏的好处，以及如何烹饪内脏。心理学家在此基础上增加了一个会谈，在会谈中询问谁愿意回家试试这个方法（并没有说回去一定要执行），并提示愿意尝试这个方法的人举手示意。结果，回家后，那些举过手的人会更多地尝试去烹饪内脏……其原因在于，当一个人在群体面前做出了承诺之后，她／他就会出于行为的一致性或迫于压力，而遵守这个承诺，进而做出相应的行为。

此外，奖励与处罚在行为改变中也会起到非常大的作用。比如，以色列的一家幼儿园规定，父母要在下午5点（放学之后）前把孩子接走。但是，很多父母都会迟到，导致幼儿园承受了很大的额外负担。因此，幼儿园做出规定：如果父母迟到的话就需要缴纳罚款。但是，实施这一举措之后，迟到现象不但没有减少，反而更加严重了！……这是因为，父母原本的动机机制是道德机制（内在），会因为自己迟到而感到内疚，所以会控制自己的迟到行为；在交了罚款之后，这种道德机制就转化为了金钱机制（外在），将父母的愧疚偷偷替换了，导致父母更轻易地做出迟到行为。

综上所述，心理学可以帮助我们更好地理解行为改变的原因，以及帮助我们更好地设计产品和制定政策。生活中处处都隐藏着小秘密，只要仔细留心，你就可以运用心理学知识使我们的生活变得更方便、高效，从而提高我们的生活福祉。

参考文献

塞勒，桑斯坦．（2018）．助推．北京：中信出版社．

（田甜　段锦云）

18 幽默有风险：幽默是如何提高或降低个人地位的

Twitter 的前首席执行官 Dick Costolo 以幽默的形式开始他的职业生涯，并把在事业上的成功归功于对幽默的使用。2009 年 9 月在他即将担任 Twitter 首席运行官（COO）的前一天晚上他发表推文："明天是作为 COO 的全新一天。第一个任务是削弱 CEO，巩固权力。"一年以后，他真的成了 CEO。

幽默可以助力事业成功，也可以妨碍事业进步。Justine Sacco 是一家媒体和互联网公司的公关代表。她在即将登机从伦敦前往南非考察的时候，发表了一篇推文："即将前往非洲。希望我不会得艾滋病。开玩笑啦。我是白种人！"……一石激起千层浪，她的幽默引发了一场批评风潮，最终使她失去了工作！

Dick Costolo 的经历表明幽默可以帮助个体在组织中晋升，而 Justine Sacco 的经历又警告我们幽默的风险。幽默对地位似乎有影响，心理学家 Bitterly 等人（2017）的研究揭开了它们之间的重重迷雾。

地位（status）是广泛存在并且十分重要的。其广泛性表现在，跨越了文化、组织、社会阶层，个体都趋向于获得更高的社会地位。地位反映了在集体中个体所拥有的尊重、名誉和声望的相对水平。相较于低地位的个体，高地位的个体可以拥有更多的资源（金钱、社会支持等），享受更好的物质和精神财富。其诱惑力是巨大的。为了获得地位，个体努力显示能力。群体通常会对那些能证明有更高能力的个体给予更多的尊敬和权力。然而，在很多情况下，对于如何判断一个人的能力缺乏客观的信息，反而依靠外界信号。结果，个体的那些显得有能力的行为就提高了个体的地位。

幽默到底是什么？最初将幽默引入中国的便是林语堂。"幽默"由英文"humour"一词音译而来。先前的研究将幽默定义为，在两个或两个以上的人中，至少有一人对一件事经历过愉悦并评价其有趣。Bitterly等人（2017）的研究将一个笑话作为一次幽默，并认为幽默是三个因素的交互作用：表达者、靶子和听众。表达者可以把自己当靶子，如自嘲；也可以把听众当靶子，如戏弄。对一个笑话是否幽默的评价，主要基于两个方面：幽默的合适性和是否引人发笑。幽默在被感知为"无害的背离"时（不是真的攻击他人），就是成功的。

也就是说，一个幽默被感知为有趣，必须包括两个条件：（1）必须违反自然或精神上的安全性（如违反语言、社会或文化规范）；（2）必须是无害的。就像Dick Costolo一样，他发表推文说要削弱CEO，这违反了社会规范，但事实上他并没有真正攻击他。同样，Justine Sacco也发表推文说自己不会得艾滋病，因为自己是白种人而违反了社会规范，然而，她却把一种毁灭性的疾病和种族联系起来，这就会被一些听众视为具有攻击性和违反社会禁忌，而不显得有趣。

1. 研究过程

Bitterly 等人针对"幽默何时提高或降低地位"进行了四项研究。

　　研究一：目的是证明成功地使用幽默可以提高地位。研究分两个阶段进行。第一阶段，从美国东北部的一个城市招募 166 名成年人参与研究（最终 160 名被试完成了实验，66名男性，94 名女性，平均年龄为 24.86 岁）。研究者把被试随机分成 6 ～ 16 人的小组中，每个小组有两名助试，整个阶段中只有固定的两名男性助试参加了所有小组的活动。每次只进行一个小组的实验。在实验室，每个座位上都放置了材料包，被试要阅读材料。材料内容是，要求他们想象他们正在给 FastScoop.com 写关于宠物垃圾处理服务的推荐书，并表示该网站正在征寻最好的推荐书，以吸引更多的人关注这项服务。随后给他们呈现该网站关于这项服务的图片，要求他们在三分钟内写一个简短（1 ～ 3 句话）的推荐书，并上台汇报（抽签决定汇报的顺序）。实验经过处理后每次都是两名助试先汇报。第一名助试只做正式汇报，第二名助试前一半时间做幽默汇报，后一半时间做正式汇报。两名助试汇报后，被试被告知由于时间限制，不再汇报，并完成对助试的自信、能力、地位的评价。

结果表明，做幽默汇报的个体被视为有更高的自信心和能力，进而导致了"有更高地位"的评价。第二阶段采用不同的任务来验证第一阶段的研究，并增加了一项对地位的行为测量。结果证实了第一阶段的结论，并得出结论——幽默的个体更容易被选为领导者。

研究二：分两个阶段进行。第一阶段，在网上招募 120 名被试（84 名男性，36 名女性，平均年龄为 31.54 岁）。设置三种情景（成功笑话的情景 / 失败笑话的情景 / 严肃的谈话情景），将被试随机分配到一种情景中。首先要求被试写下一年内认识的五位同事的名字，并指定被试只回忆自己写下的与第三位同事相关的事件（例如，成功笑话情景下的个体回忆第三位同事说过的搞笑的笑话）。随后让被试评价第三位同事的有趣性、无聊性、合适性以及地位，并测定情绪水平。

结果表明，讲笑话可以提高他人对其自信心的感知，但只有恰当的笑话才会增加他人对其地位的评价。第二阶段，重新招募被试，并将被试随机分配到三种情景（同第一阶段）中。给被试提供一个关于面试的脚本，并把"笑"作为成功笑话的指标。结果验证了第一阶段的结论。

研究三：目的是探讨不恰当的笑话作为边界条件是否会对幽默和地位之间的关系产生影响。第一阶段，在网上招募 274 名被试（156 名男性，118 名女性，平均年龄为 30.03 岁）。设置三种情景（成功笑话的情景 / 失败笑话的情景 / 严肃的回答情景），提供的也是关于面试的脚本，只是经理的问题和求职者的回答不同。回答中采用的是不恰当的笑话（经理和求职者笑则认为是成功笑话的情景，保持沉默则认为是失败笑话的情景）。实验处理是，让被试阅读完脚本后对求职者的自信心、能力、地位进行评价。

结果表明，相较于没有使用笑话，讲一个不恰当的笑话可以加强他人对求职者的自信心的判断，但也会使求职者显得缺乏能力，从而降低了其地位。笑缓和了不恰当的笑话对求职者地位的伤害。第二阶段重新招募被试，采用不同的面试脚本，结果验证了第一阶段的结论。

研究四：目的是同时比较恰当的和不恰当的幽默对地位的影响，证实了自信心（能力感）是幽默影响地位背后的潜在原因，而非情绪。第一阶段从美国东北部的一个城市招募186名成年人（63名男性，123名女性，平均年龄为21.10岁）参与实验。设置五种情景（恰当的成功的笑话／恰当的失败的笑话／恰当的成功的笑话／不恰当的失败的笑话／严肃的回答），同样提供关于面试的脚本，只是经理的问题和求职者的回答不同。将被试随机分配到任一情景中，在脚本结束后让被试评价求职者的有趣性、合适性、自信、能力和地位。

结果表明，幽默可以显示自信心。恰当的成功的笑话使讲话者显得更有自信心和能力，从而提高了其地位，而一个不成功的笑话则使讲话者显得缺乏能力从而伤害了其地位。另外，研究还发现笑在其中的影响：听众笑（相较于没有笑）会使讲话者显得更有自信心和能力，而自信心和能力又作为中介效应，影响了幽默和地位的关系。第二阶段使用不同脚本测量了被试的情绪，除此之外，实验设计和第一阶段是一样的。结果验证了第一阶段的结论，并得出结论：情绪不是影响幽默和地位的中介变量。

2. 结论

总之，幽默普遍存在于我们周围。讲笑话给个体创造了一个展示能力的机会，个体所展示的幽默提高了个体的自信心；但只有成功的、恰当的笑话，才能使个体显得更有能力，从而提高其地位，其他的情况则会伤害个体的地位。

幽默的人往往更容易受到欢迎与喜爱。与人沟通时，若能轻松幽默地开个得体的玩笑，那就可以起到松弛神经、增进了解的作用，有助于营造一个适于交际的轻松愉快的氛围。

但是，当讲了一个不恰当的失败的笑话时，怎样恢复气氛呢？也许道歉是最有效的解决方式。另外，自嘲或者转移焦点也是比较好的策略。但在某些情况下，如果笑话是极其不恰当的，那么讲话者可能就无法弥补其所造成的伤害了。

所以，幽默虽好，但有风险，使用需谨慎。

参考文献

Anderson, C., John, O. P., Keltner, D., & Kring, A. M.. (2001). Who attains social status?: effects of personality and physical attractiveness in social groups. *Journal of Personality and Social Psychology*, 81 (1), 116.

Bitterly, T. B., Brooks, A. W., & Schweitzer, E. M.. (2017). Risky business : when humor increases and decreases status. *Journal of Personality & Social Psychology*, 112 (3), 431-455.

（王蒙蒙）

19 有时候，讽刺别人也是一种智慧

"凭你的智慧，我很难跟你解释！"

"咸鱼翻身会变成什么？依然是条咸鱼。"

"作为失败的典型，你实在是太成功了。"

"世界上有种傻事你知道吗？那就是硬要挑战超出自己能力的事，比如和我斗。"

让我们想象以下场景：倘若你是某团队的负责人，此时有另一家公司要和你竞争一个项目。在一个大型的交流场合，那家公司的负责人突然朝你走来，并对你说了句极具讽刺性的话，让你放弃对这个项目的争夺，这时你会有什么反应？

倘若对方并非竞争对手，而是自己团队里的合作伙伴，他在某个私下场合挖苦了你，你的反应是否又会有所不同呢？

社会在高速发展的同时，不可避免地会产生各种各样的竞争与资源争夺。讽刺/讥讽作为一种特别的表达方式，普遍被认为是一种具有破坏性的交流形式。但客观现实告诉我们，这种表达形式在组织中无处不在，甚至有领导者会偏好于用讽刺的形式来激励下属。

对此，以往研究提出了解释：一般形式的讽刺可能会刺激创造力的产生，从而激发出新颖有用的想法、见解或问题解决方案（Sternberg & O'Hara，1999）。

然而，尽管讽刺有可能提高创造力，但这种破坏性交流方式有可能会引起双方冲突，产生恶劣后果。对此，美国哈佛大学和哥伦比亚大学的几名学者产生了这样的想法，是否有这样一种可能性：在不会引起双方冲突的情况下，讽刺只激发出各自的创造力（而不会激发冲突）。

为了验证上述说法，Huang 等人（2015）进行了以下研究：

研究一：讽刺是把双刃剑，会引起冲突感，但会激发创造力

研究的目的是检验讽刺这种表达形式是否会同时引发交流双方的冲突并激发创造力。研究者将参与者随机分配到 2（表达形式：讽刺 vs. 真诚）×2（反馈：表达 vs. 接收）被试间设计的四种情境中，并通过模拟对话任务操纵他们的表达方式。

例如，表达讽刺组的参与者先在空白处写下头脑里想到的第一个讽刺表述。紧接着接收讽刺组的参与者会接收到这些讽刺表述，同时被要求写下头脑里想到的第一个回答。在此之后，参与者被要求完成一项常见的创造性任务——远程联结任务（RAT），来测量他们的创造力。

所谓的 RAT 任务是指：要求参与者找到一个"与提供的三个单词"逻辑相关的单词（例如"table"可关联"manners-round-tennis"这三个单词），参与者被要求在精准的前提下尽可能多且快地解决问题。对参与者创造力的衡量标准是正确答案的数量。最后，通过作答问卷的方式测量参与者的冲突感。

结果显示，讽刺组的参与者的冲突感以及他们的创造力水平，都要显著高于真诚组与控制组的参与者。

研究二：讽刺激发创造力的内在机制——提高抽象思维水平

为了检验讽刺激发创造力的深层机制，在实验之前，研究者设想抽象思维与认知复杂性是可能的机制。此次实验的参与者是114名来自美国东海岸一所大学的学生。这些参与者依旧被随机分配到四个实验组和一个控制组中，但此次实验中研究者采用了一种不同于研究一的讽刺操纵手段。各个组的参与者被要求回忆过去发生过的一件讽刺他人（或受到他人讽刺）的事件。最后，除了创造力水平测试，所有参与者还完成了抽象思维与认知复杂性的测量。

结果显示，认知复杂性在各个条件组之间无显著差异，但是讽刺组的抽象思维水平却显著高于真诚组与控制组；其中介机制也得到了验证，即抽象思维水平的提高是讽刺能够激发创造力的内在原因。

研究三：更充分地发挥讽刺的益处——先构建信任关系

为了探索在何种条件下，讽刺可以在不引发冲突的同时提高双方的创造力，参与者被随机分配到2（信任 vs. 不信任）×5（表达讽刺、受到讽刺、表达真诚、以真诚受待、控制组）的实验设计中。在信任条件组，参与者被要求回忆他们最信任的人，写下此人的姓名并简要描述此人的脸型，此外参与者还需要解释他们为什么相信这个人；而在不信任条件组，参与者经历了同样的过程，但回忆对象改为他们不信任（或最少信任）的人。对讽刺的操纵依旧采用了研究一中的模拟对话任务，并且在此之后，所有参与者均完成了冲突感与创造力的测量。

　　结果显示，在信任条件下，讽刺组的创造力水平依然高于真诚组与控制组，但冲突感在各条件组间却不存在显著差别了。由此可见，在对方被信任的情况下，讽刺带来的冲突感消失了。

　　综上可知，尽管讽刺是一把双刃剑，在引起双方冲突感的同时也会激发双方的创造力，但倘若对方是自己所信任的人，这种冲突感则不再那么明显。而这种被激发的创造力则源于讽刺带来的抽象思维水平的提高。

　　在讽刺这种具有破坏性的表达形式被学界普遍看低的今天，Huang 等人用独特视角诠释了讽刺所能带来的好处。当工作遇到了瓶颈、陷入了困境，倘若在与自己信任的团队伙伴的交流中运用一点儿讽刺技巧，不但能活跃工作气氛，或许还能产生一定的类似头脑风暴的效果，没准儿能在提高创造力的同时对工作产生不可预估的改善作用。因此，讽刺或许是一种最低形式的风趣，但在特殊情况下，它也会变成一种最高形式的智慧。

参考文献

Huang, L., Gino, F., & Galinsky, A. D.. (2015). The highest form of intelligence : sarcasm increases creativity for both expressers and recipients. *Organizational Behavior & Human Decision Processes*, 131, 162-177.

Sternberg, R. J., & O'Hara, L. A.. (1999). Creativity and intelligence. *Handbook of Creativity*, 251-272.

（朱宸轩　段锦云）

20 货比三家真的就好吗?

1. 诱饵效应

当你某天心血来潮和朋友相约去看一部电影时，你们发现这部电影只在两家影院上映：A 影院很近但是票价很贵，B 影院很远但是价格便宜。若此时距离比较近但是价格最贵的 C 影院也进行了排档：

价格上 C>A>B；距离上 B>C>A。

在不考虑其他因素的前提下，你会选择哪家影院?

若只有 A、B 两个选项，人们选择这两家的概率大致分别为 50%；而增加了 "和 A 的劣势相比更具劣势（即价格更贵），和 A 的优势相比更具劣势（即距离更远）" 的 C 选项后，人们会增加选择 A 影院的概率。这便是诱饵效应。

人们在判断选项的价值时，通常使用情境中的参考点做辅助，因而通过增添诱饵选项可以改变人们的选择。这一原理被广泛应用于消费、决策甚至择偶等领域。

在诱饵效应中，人们被引导选择的选项为目标选项（如上文中的 A 影院），其他则为竞争选项（如上文中的 B 影院）。李嘉惠等人（2020）提到，诱饵选项一般包括四种：相似诱饵、妥协诱饵、吸引诱饵、幽灵诱饵。举例说明，当人们需要在"A.40% 的概率获得 250 元；B.30% 的概率获得 330 元"之间做选择，如需要引导他人选择 A 选项，那么 A 选项被称为目标选项，B 选项被称为竞争选项，而我们可以通过设置以上四种诱饵进行"引导"。

（1）设置相似诱饵。相似诱饵是与竞争选项的主观价值近似的选项。例如，"32% 的概率获得 320 元"。在引入这一相似诱饵前，人们选择 A 选项和 B 选项的概率分别为 50%。由于相似诱饵与 B 选项十分相近，而与 A 选项差异大，因此 B 选项和相似诱饵可以视为一体，即人们选择相似诱饵及 B 选项的概率之和为 50%。就这样，原本选择 B 选项的概率被诱饵选项分走了一部分，则相对来说选择 A 选项的概率就是三个选项中最高的。

（2）设置妥协诱饵。妥协诱饵是比目标选项的优势更具优势，比其劣势更具劣势的选项。例如，将妥协诱饵设置为"45% 的概率获得 80 元"，则在获益概率（A 选项的优势）上，妥协诱饵（45%）＞A（40%）＞B（30%）；在获得的钱数（A 选项的劣势）上，B（330 元）＞A（250 元）＞妥协诱饵（80 元）。这就利用人们的折中心理，通过使 A 选项成为一个"中间选项"，增大人们选择 A 选项的概率。

（3）设置吸引诱饵。吸引诱饵是位于目标选项附近，并且能突出目标选项优势的选项。例如，将吸引诱饵设置为"35% 的概率获得 250 元"，这和 A 选项"40% 的概率获得 250 元"非常接近。然而，吸引诱饵虽和 A 选项获得的钱数相等，但是获益概率低于 A 选项，即突出了 A 选项在获益概率上的优势，于是增大了人们选择 A 选项的概率。

（4）设置幽灵诱饵。幽灵诱饵存在于目标选项附近，但是现实中并不存在。若"45% 的概率获得 290 元"是非常理想的选择，但如果这种情况不存在，人们会退而求其次，选择较为接近的 A 选项。

2. 阻抗诱饵：为了引诱你，先让你拒绝我

大家肯定都有过这样的经历，刚刚在这家店考虑了很久最后拒绝了售货员的推销，进了下一家后却很快地被说服买了另一件东西……除去商品本身的差异外，第一家店的商品很可能无意中充当了"阻抗诱饵"的角色。

在消费者研究和健康传播领域，人们对说服性尝试的阻抗反应是长期存在的一个问题——一般来说，个体在感到自己的（选择）自由受到威胁时，会产生强烈的去拒绝这样一个说服性信息的倾向。比如，当一位售货员让你产生选择权利被干涉的感觉时，你会非常倾向于拒绝购买他所推销的某件东西，并很快离开。

然而，Schumpe 等人（2020）发现，阻抗诱饵的加入可以有目的地诱导人们宣泄抵触情绪，从而增加目标信息的说服力。

（1）说服策略。说服策略可以分为 Alpha 策略和 Omega 策略两种。Alpha 策略采取增加接近力的方式（例如，增加论据或激励）来进行说服。而减少回避（规避抵触情绪）的策略则叫作 Omega 策略。例如，使用控制力较弱的语言，在交流结束时加入提醒语提醒接收者可自由选择，或者在接触劝说性信息前进行自我肯定。阻抗诱饵策略属于 Omega 策略，它不试图减少阻抗，而是通过利用阻抗、有目的地引导阻抗来增加目标的吸引力。

（2）阻抗诱饵的作用原理。阻抗诱饵是另一个说服性信息，它会引起个体对它的阻抗，但也会给接收者一个机会来表达他们对诱饵的态度。因此，接收者可以发泄他们的抵触情绪，重申他们的自由。因此，他们对随后呈现的目标信息的阻抗度就变低了，这就达到了增加其说服力的效果，见图 1。

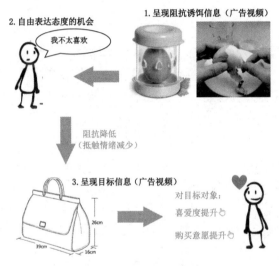

图 1　阻抗诱饵效应图示

阻抗诱饵效应的产生与具体的刺激无关，也不能用近因效应来解释。并且，即便我们很累，或者精力充沛，我们依然会受阻抗诱饵效应的影响。

（3）阻抗诱饵的效果。阻抗诱饵效应具有重要的经济和行为后果，即对目标对象在喜爱程度、购买意愿和支付意愿方面更为有利。此外，人们也会花更多的时间研究针对目标对象的产品描述。

（4）阻抗诱饵效应的应用。销售人员可以利用以上发现，战略性地在他们的说服性信息之前放置一个阻抗诱饵，以吸收消费者的阻抗性。唯一需要强调的是，必须给人们提供一个表达他们对诱饵态度的机会，甚至在网页上弹出广告并给观看者关闭的机会，这也可能起到阻抗诱饵的作用。

3. 结论

我们作为消费者要三思而后行，要问问自己想买的东西是不是真的需要。无论是货比三家，还是刚刚表达了对某种商品的不接受态度，都不要急于浏览下一种商品，否则很可能在不知不觉中就产生了不理性消费。

参考文献

李嘉惠，刘清，蒋多 .（2020）. 行为决策中诱饵效应的认知加工机制 . 心理科学进展, 28（10），1688-1696.

Schumpe，B. M.，Bélanger，J. J.，& Nisa，C. F..（2020）. The reactance decoy effect : how including an appeal before a target message increases persuasion. *Journal of Personality and Social Psychology*，119（2），272-292.

（李晓云　宋艾珈　段锦云）

21 "迷之自信"的人适应能力更强

俗话说"人贵有自知之明"。做事前先掂量掂量自己,没有金刚钻就别揽瓷器活。然而,研究发现,尽管迷之自信、自我感觉良好的人常常不太受欢迎,然而,他们在人际适应方面往往具有更好的表现。

人们对自身持积极或消极的看法,这种自我感知可能高估、低估或准确反映了实际情况。在自我概念领域,自我认知产生的结果(如心理健康、受欢迎度)更引人深思。临床和社会心理学家认为,良好的适应从准确的自我感知开始;但有研究者认为不切实际的积极自我感知能够促进自我调适,有利于保持心理健康;另有一些学者认为适度膨胀的自我感知能使个体的适应性达到最佳。得出这些相互矛盾的结论可能是因为使用的统计方法不够理想、未整合并检验现有的假设。

Humberg 等人(2019)采用五项智力领域大型研究的数据,以推理能力、词汇知识来测试自我认知内容,结合信息理论(information- theoretic,IT)的响应曲面分析方法(response surface analysis,RSA),将现有研究包含的六种主要假设转换成模型并进行比较,从六个适应性范畴考察自我感知和真实水平的差异以及自我感知和适应性之间的关系。

1. 两个概念

积极自我感知（positivity of self-view，PSV）：个体感知自身特征的积极程度。例如，在智力方面，PSV 表示个体认为自己有多聪明。

自我提升（self-enhancement，SE）：个体在特定特征上的自我感知和真实水平之间的差异。SE 为正值表示个体高估了自己的真实情况（例如，在智商方面，A 的自我感知得分为 130，但实际智商得分为 120，则 SE=130-120）；SE 为负值表示个体低估了自己的实际水平（例如，在能力方面，A 的自我感知得分为 100，但实际得分为 120，则 SE=100-120）；当 SE=0 时，个体准确地感知到自身的真实水平；当 SE 为特定正值时，个体持微膨胀自我认知（slightly inflated self-views），即个体的自我感知略高于真实水平。

2. 六个假设

积极自我感知有利（beneficial PSV）假设：当真实水平相同时，自我感知越积极的个体适应性越强。

积极自我感知有害（detrimental PSV）假设：当真实水平相同时，自我感知越积极的个体适应性越弱。

自我提升有利（beneficial SE）假设：自我感知与真实水平差异越大（SE 值越大），个体的适应性越强。

自我提升有害（detrimental SE）假设：自我感知与真实水平差异越大（SE 值越大），个体的适应性越弱。

自我了解（self-knowledge，SK）假设：自我感知越趋近于真实水平（SE 值越趋近于 0），个体的适应性越强。

最优边际（optimal margin，OM）假设：自我感知与真实水平越趋近于特定正值时，个体的适应性越强。

3. 三项测量

（1）自我感知测量。样本 A（N=188）被要求填写在线问卷和进行三次循环评分（T1 在第一学期第二周，T2 与 T1 间隔 4 个月，T3 与 T1 间隔 8 个月）。样本 B（N=295）被要求填写在线问卷和进行三次实验室小组会议（间隔一周），每组 4 ～ 6 名被试。样本 C（N=91）被要求填写五次在线问卷（调查 1 在新生开学时进行，后续调查在第 2/8/19/32 个月后进行），使用 23 个阶段的时间评估（前 3 周每周写三次日记，第 4 周到第一学期结束时每周写一次日记，在开展调查 4 和调查 5 时各写一次后续日记）。样本 D 以 2 047 名讲德语的互联网用户为被试，要求被试完成在线调查和词汇测试并邀请一名同伴进行评级（380 名同伴提供评分）。样本 E（N = 202）分两次收集数据（间隔约 14 个月），要求被试填写在线问卷并参加一次实验室会议，进行每日日记评估（为期 14 天）并邀请至少三位同伴进行评级。

（2）真实水平测量。对样本 A、B 与 C 进行瑞文高级渐进矩阵 15 项测验，以测试真实的推理能力水平。对样本 B、C、D 与 E 进行 MWTB 词汇知识测试以测试真实的词汇知识水平。

（3）适应性测量。每个样本对六个适应性范畴进行自我报告，可分为两个内在适应维度（intrapersonal domains），包括自我评价与幸福感；四个人际适应维度（interpersonal domains），包括自评 / 他评能动结果（agentic outcomes）和自评 / 他评关系结果

（communal outcomes）。其中能动结果指与个体社会地位相关的指标（如领导力、社会影响力），关系结果指与同伴相关的指标（如接纳度、信任度）。

4. 一个启示

无论是推理能力方面还是词汇知识方面，准确的、适度膨胀的自我感知能提高个体适应性的观点均未得到支持，而积极看待自身的个体表现出了更高的自我调整能力和内在适应性，具有自我评价高、幸福感强的特点。

在推理能力方面，持积极自我感知的个体在人际维度上具有更高的适应性。他们认为自己会积极、能动地处理和解决问题，具有更强大的领导力与影响力，而这种自信也更容易感染到其他人，从而获得同伴的好评。然而，同伴一旦发现此人的自我感知与真实水平差距过大时，对他的评价也会迅速降低。

在词汇知识方面，个体对自我的感知越积极，自我提升程度越高，越容易在人际维度上获得更高的自我评价，如积极关注并解决问题，拥有和谐的人际关系。

通俗地讲，迷之自信的个体更容易有吹嘘行为，导致在同伴中不受欢迎。没有真才实学却莫名地自我感觉良好，这更易引发自身与同伴之间的冲突，导致他人对自己的评价低、信任感下降。但是，个体自我感觉越良好，对自身积极表现的预期越高，越容易产生高自我评价与强烈的幸福感，即内在适应性更强；同时，这种自我感觉良好使个体在行为表达上容易传递更明显的能力线索，使得同伴认为其更有能力，或处于更高地位，因此人际适应性更强。

在某种程度上，迷之自信的人的这份臆想的良好感觉，使自己处于高自我评价和良好的人际氛围中，从而产生自我提升行为，并表现出更好的适应性。

参考文献

Humberg，S.，Dufner，M.，Schönbrodt，F. D.，Geukes，K.，Hutteman，R.，Küfner，A. C. P.，van Zalk，M. H. W.，Denissen，J. J. A.，Nestler，S.，& Back，M. D..（2019）. Is accurate, positive, or inflated self-perception most advantageous for psychological adjustment?: a competitive test of key hypotheses. *Journal of Personality and Social Psychology*，116（5），835-859.

（杨　静）

22 正念如此有用，该如何练习？

　　或多或少你可能会听过"正念"这个词，这反映了正念在心理学界应用的广泛性。正念最早出自佛教《四念处经》，在 1970 年代被引入西方。乔·卡巴金等学者对其进行研究并不断推广，于是正念逐渐成为当代心理治疗中最重要的技术之一。

　　正念（mindfulness）被定义为对当前时刻的非批判性意识。个体通过参与正念冥想，可以有意地保持一种短暂的放空状态或体验一种稳定的特质。起初，正念用来治疗具有不同程度心理问题的人，以缓解他们的消极情绪。后来，得益于正念的有效性和可操作性，它被广泛地应用在了各个领域。除了心理咨询与治疗领域外，发展与教育领域学者也对其甚为关注。甚至有研究表明，正念能够应用在三四岁的儿童身上，能显著促进儿童注意力、执行功能、情绪调节的发展。

　　正念能够改善负面情绪，增强注意力，提高创造力。在组织中，正念也能发挥各种有益的作用。过去的十多年里，组织中的正念培训项目非常流行，越来越多的研究开始关注正念对组织所产生的影响（Editorial，2020）。在美国，根据富达投资（Fidelity Investments）和国家健康商业集团（National Business Group on

Health）2019 年对大型企业的一项全国性调查，60% 的企业为员工提供瑜伽或冥想等正念类课程。仅在谷歌公司，成千上万的员工通过公司著名的"Search Inside Yourself"计划来改善情绪和工作。

那么，正念是如何在组织中发挥其独特作用的呢？

1. 作为工作日的休息活动，正念能帮助职场人恢复精力

越来越多的管理者意识到，在一整天紧张的工作中设置一小段休息时间，会提高员工的工作效率，但这段休息时间做些什么对结果很重要。活动强度太大，对情绪的冲击力过强，会使职场人很难在工作任务和休息活动之间灵活地转换意识和注意力；活动量较弱，职场人仍会有意无意分配一部分注意力在工作上，哪怕仅仅是记挂着某项任务要如何完成，休息活动的效果也会大打折扣。这两种情况最终都不能达到使人休息后高效工作的目的。

最近的研究发现，正念可以很好地解决这个难题，从而使职场人较好地恢复精力。一方面，正念能够调整职场人的情绪状态，使职场人有更多的积极情绪、更少的消极情绪；另一方面，正念可以通过"心理超脱"使职场人和工作保持一定的心理距离，从而使职场人更好地恢复精力（Chong et al., 2019）。实际上，这两方面甚至会相互作用。正念可以通过心理超脱加强从经验中产生的积极情绪状态，因为正念能够对个体远离压力源和对环境进行重构产生重要影响。同时，正念还可以迅速灵活地将职场人的意识从工作压力中分离出来，从而使他们从繁重的工作需求中暂时解脱出来，得到精神上的休息，并激发积极的情感状态。

正念之所以会有这样的效果，可能是因为正念会调节个体对环境无意识的、自动的反应。根据正念意义理论，保持正念的个

体能够转移他们的注意力，并意识到当前体验中更微妙的觉受和情感影响，从而能体会到周围环境中的积极特征。同时，正念活动能够将职场人的意识从环境的负面因素（例如工作压力）中解脱出来。这种脱离工作的状态扰乱了与消极情感状态相关的认知结构，并产生了一种精神上的不连续性，以防止繁重的工作需求进一步消耗职场人。这就给职场人留下了精神空间，让他们能够以更有建设性的方式重新评估自己的负面经历，从而摆脱负面的情感状态。此外，职场人似乎能够通过正念训练体验到一种特殊的情感机制，其中积极的情感状态通过正念得以放大，而消极的情感状态则被抑制。

2. 从互动角度来说，正念可以增加工作场所的亲社会行为

正念不仅可以让职场人更好地恢复精力，还能够增加工作场所的亲社会行为。亲社会行为是产生积极的人际联系和组织文化的润滑剂。但由于职场人际关系的复杂性，亲社会行为并不能如管理者所愿常常出现，怎样能够增加员工间的亲社会行为就成了管理者想要解决的问题。研究发现，正念是亲社会行为的有利推手。如前所述，正念可以帮助人们活在当下，这使得人们不必以担心、忧思或情绪爆发的方式来应对工作中的困难和挑战。事实上，正念会减少和削弱人们对待他人的不当行为或过激行为。具体来说，正念会通过积极情绪、同理心和换位思考来增加亲社会行为（Hafenbrack et al.，2019）。

首先，正念能放大积极情绪，改善消极情绪。积极情绪与亲社会行为正相关，因此进行正念训练的人更有可能在积极的情绪

状态下助人。

其次，正念会使得人们对他人更充满同理心。同理心是感知他人情绪的能力。通过同理心，个体可以间接体验他人的感受和状态。正念将人们与自己或他人当下的经历联系起来。关注当下可以增强心理意识，使人们对当前情况进行更微妙的评估，这可能会帮助职场人更加关注同事和客户的即时感受和需求，而关注当下的意识也能使交流更成功。保持正念的职场人很可能是更积极的倾听者，能更好地注意别人的反应。保持正念的人也更少表达自己关于某人或某事的想法，他们更可能把想法视为一种精神上的活动，而不是字面上的真理。所以，他们很少受到判断、假设和偏见的影响，会更加宽容和乐于接受他人。因此，个人在处于正念状态时，更有可能在工作场所从事亲社会行为。

最后，正念可以促进人们换位思考。换位思考是一种考虑他人观点的认知能力，这种观点可以使个体预测他人的行为和反应。换位思考和同理心是不同的，同理心在本质上是情感的，而换位思考在本质上是认知的，两者是"不同但相关的社会能力"。如果人们将意识投入当前情境中，便更能意识到需要帮助的人的语言、面部表情，更能从他人的角度理解。但如果人们的思绪游走，集中在过去或对未来的担忧上，这时人们对他人的注意就会少很多。对自我利益的关注往往与过去或未来相关，减少对未来的关注会减少人们对自身需求的关注，从而会增加人们对他人需求的关注。实际上，较少的自我关注与利他行为有关，这可能是因为人们在停止关注自己的时候，就会有一种自然的倾向去考虑他人的观点和需求。因此，正念可以使人们从以自我为中心的倾向转为对他人关注的倾向。

3. 应对工作中的特殊压力，正念也是一把好手

辱虐管理是职场中的常见现象。在中国，由于文化的影响，上下级的权力分界明显，更容易产生辱虐管理。正念能够帮助个体通过自我调节较好地应对辱虐管理。对上级来说，正念会抑制其辱虐管理的冲动；对员工来说，正念能够使自己较好地调节状态，更好地应对上级的辱虐管理（申传刚等，2020）。

一项针对员工的研究发现，在受到上级不公正的歧视对待后，保持正念的员工能够在第二天减少偏执型认知，并有较少的情绪耗竭（Thoroughgood et al., 2019）。偏执型认知是一种被唤起的心理状态，以高度警惕、思维反刍和恶意归因为特征。员工在感知到歧视时，会产生焦虑和担忧，由此启动偏执型思维模式。这种模式会使得员工的注意力不停地自动集中在与歧视相关的事件上，导致进一步的情绪耗竭和相应的心理健康问题。

正念能增强一个人中断自动反应的能力，而保持正念的员工可能更擅长抑制或削弱工作中受到的歧视和引起不良反应之间的"自动联系"，让自己不至于那么精疲力乏。因此，正念可以通过增强自我调节，帮助被歧视的员工停留在当下，而不是对偏见事件产生过度认同和反应。这就能够削弱甚至中断这些事件和第二天早上重新进入工作场所时的偏执型认知之间的联系。

4. 正念有如此多的作用，你想不想马上试一试呢？

下面是《正念之道——每天解脱一点点》一书中给出的一个正念练习。如果恰好你现在有时间，可以试试看。

找一个让你感觉安全和舒服的地方，以舒服但有尊严的坐姿

坐好。保持一个松弛、端正且有一定警觉的姿势，可以借助以下想象来做到这一点：想象有一根绳子固定在你的头顶，它轻轻地朝着屋顶或上空的方向拉动你的身体，并拉长拉直你的颈椎，然后你可以前后左右晃动你的头，让它找到一个自然舒适的平衡点。你可以将双手轻松地放在大腿或双膝部位，以增加稳定感，但不要用手臂支撑自己的整个身躯，以防止身体后倾。

你一旦确定自己找到了这样舒适且保持警觉的姿势，请闭上双眼（当然，你先要将如下其余的指导内容读完）。尝试觉察自己的呼吸及感受，你需要让自己尽量专注于伴随着每一次呼吸过程中腹部的起伏感，看看自己能否觉察到呼吸的整个循环过程——一开始，你先吸入一口气，然后肺部有相对饱满的感觉，接下来，你觉得自己的肺部好像又被掏空了。再进入下一个循环。这是一项专注力训练，而不是呼吸训练，所以没有呼吸是否正确一说，你只需要感受你自己的呼吸方式。这是一种帮助你专注于当下所发生的事情的练习。

可能很快你会发现自己的注意力开始偏离，或转移到其他身体部分，或想到某些事情。没有关系，这很正常。当这样的情况出现时，你只需要很自然地将注意力重新引向呼吸即可。对于这项注意力练习，如果时间允许，你可以花 20 分钟来进行，如果时间不允许，你花 5 分钟左右来完成也可以。

接下来，请你再花一点时间感受周围的环境，听一听所有传入你耳中的声音，就像在听一曲交响乐；或者就像在夏日的夜晚，你正在聆听鸟、蟋蟀、风的声音。要像音乐家一样听音乐，不要给声音贴上好恶的标签。在这个部分，你可以停留几分钟。

然后，觉察一下自己的身体与椅子、地面或其他物体表面之间的接触感。请体验来自每一个接触点的各种感受——脚、臀部等身体部位接触到的任何地方。你要注意这些感受实际上并非孤立存在的，它们由成百上千种彼此相关的更小感受所构成。请闭上双眼，花点时间来仔细体会一下这些感受。

现在，请将注意力转向周围大量环绕于你的空气带给你的接触感。请观察并体验在皮肤暴露的地方你的感受如何——脸、手或身体的其他部位。请关注你所接触到的空气是温和的还是凉爽的，是静止的还是流动的。请觉察鼻尖部位的呼吸感：当你吸气时它是否感到凉爽，当你呼气时它是否感到温和。请再次闭上双眼，用几分钟的时间来感受一下周围的空气。

最后，还要花点时间来关注一下周围，注意周围环境中你所见到的一切所呈现出的各种颜色、形状和质感。尽量让自己像艺术家一样来接受它们。请再次闭上双眼，用几分钟的时间来感受一下。

如果每天坚持这么做 30 分钟，过一两个星期，你可能会对自己的注意力、情绪等有一些不同的感受。

参考文献

李泉，宋亚男，廉彬，冯廷勇 .（2019）. 正念训练提升 3 ~ 4 岁幼儿注意力和执行功能 . 心理学报，51（3），324-336.

束晨晔，沈汪兵，赵源 .（2018）. 禅修对创造性思维的影响 . 心理科学进展，26（10），1807-1817.

申传刚，杨璟，胡三嫚，何培旭，李小新 .（2020）. 辱虐管理的应对及预防：正念的自我调节作用 . 心理科学进展，28（2），220-229.

诸彦含，陈国良，徐俊英 .（2020）. 组织中的正念：基于认知的动态衍生过程及干预 . 心理科学进展，28（3），510-522.

Chong, S. H., Kim, Y. J., Lee, H. W., Johnson, R. E., & Lin, S. H. (Joanna). (2019). Mind your own break! The interactive effect of workday respite activities and mindfulness on employee outcomes via affective linkages. *Organizational Behavior and Human Decision Processes*, *November*, 1-14.

Editorial, G.. (2020). Mindfulness arrives at work : deepening our understanding of mindfulness in organizations. *Organizational Behavior and Human Decision Processes*, *xxxx*.

Hafenbrack, A. C., Cameron, L. D., Spreitzer, G. M., Zhang, C., Noval, L. J., & Shaffakat, S.. (2019). Helping people by being in the present : mindfulness increases prosocial behavior. *Organizational Behavior and Human Decision Processes*.

Thoroughgood, C. N., Sawyer, K. B., & Webster, J. R.. (2019). Finding calm in the storm : a daily investigation of how trait mindfulness buffers against paranoid cognition and emotional exhaustion following perceived discrimination at work. *Organizational Behavior and Human Decision Processes*.

（陈佳昕）

智慧本源

01 理想生活的三种样式

在你看来什么是理想生活（good life）？是远离尘嚣享受田园，是家财万贯、声名显赫，抑或是位高权重？自亚里士多德在《尼各马可伦理学》的开篇提到理想生活以来，学界就针对"理想生活是怎么样的"这一话题展开了广泛的讨论。

1. 人生幸福是什么？

从哲学角度来看，关于幸福的理论框架可以归结为两种：享乐主义（hedonic well-being）与实现主义（eudaimonic well-being）。

享乐主义认为幸福就是快乐，这种快乐包含了生理、思想以及情感上的。这种观点被认为是"主观主义"的，因为它认为幸福取决于个体的主观感受。

实现主义则强调潜能的实现，认为幸福是一种客观追求，强调自我完善、自我实现、自我成就，追求自我潜能的完美实现。

2. 理想生活的第三种样式

受到享乐主义幸福观与实现主义幸福观的影响，学者们普遍认为理想生活包含了快乐（happiness）与意义（meaning）两个要素。

　　"快乐"是享乐主义视角下的一种理想生活要素。快乐以高满意度以及积极情绪（即相对较多的积极情绪与相对较少的消极情绪）为特征（Oishi & Westgate，2021）。已有研究表明，如此生活的人通常有着丰富的物质（如较高的收入、社会经济地位或储蓄）与社交资源（如美满的婚姻、与亲友的良性互动）。不过，一些人在客观条件不利时仍然能感到快乐，比如，乐观能够冲淡病痛、丧亲甚至是战争带来的痛苦。此外，快乐与满足感有关：现实与期望的差距越小，个体收获的快乐也就越多。正所谓"知足常乐"，幸福也许并不在于拥有的多，而只是想要的少。

　　然而，快乐并非是理想生活的全部：一些人向往稳定的工作、美满的婚姻、可爱的孩子；而另一些人却渴望创造社会价值，这就涉及"意义"。

　　"意义"代表着实现主义幸福观对理想生活的理解，指的是个体对自身存在及其本质的感知，包括存在和追寻两个维度（Steger et al.，2006）。存在意义指的是个体对自己目前生活是否有意义的主观感受，追寻意义则指个体对人生目标与意义的积极探索。意义并非是短期内形成的，它通常是个体通过经常参与仪式性活动（比如志愿活动）积累起来的。在人格特征因素中，责任心与意义紧密相关，因为责任心强的人更可能有明确的生活目标，并且致力于追求和实现个人目标。此外，意义也与外向性和亲和性正相关，与神经质负相关（Steger et al.，2006）。

　　但是，这种二分法没有触及理想生活的另一种本质——一方面，在这个世界上，许多人其实并没有足够的财富或运气，他们难以得到以物质与社交资源为基础的快乐；另一方面，并非所有人都重视生命意义，但他们也可以过上理想生活。在一项涉及九个国家的调查中，超过半数的参与者将快乐生活视作他们的理想；在剩下的参与者中，一大半认为人生应该充满意义，而另一小半则梦寐以求地想获得精神上的富足，为此他们甚至愿意放弃快乐与意义（Oishi et al.，2019）。

由此，心理学家 Oishi 等人（2019）为那些生活拮据（通常不快乐）且在他人看来生活毫无意义的人，找到了也能过上理想生活的理由——心理富足感（psychological richness）。

心理富足感指的是，丰富的、有趣的生活经历带来的心理层面的深刻改变。它可以通过旅行、文学、电影、音乐、运动和艺术活动等来获得。能够带来心理富足感的体验不只需要新奇性、意外性与复杂性，还必须包括观念的转变。

一位来自美国华盛顿的 19 岁女大学生在访谈中介绍了她第一次观看职业摔跤比赛的经历。当时她对这项运动了解不多，认为这不过是单纯的暴力和表演。但她惊讶地发现，职业摔跤手是鼓舞孩子的榜样，而且世界摔跤娱乐公司（WWE）始终致力于儿童慈善事业。最终，她改变了自己的固有看法，并被深深地打动（Oishi & Westgate，2021）。意外性（WWE 的慈善工作）、新奇性（初次观看摔跤比赛）、复杂性（并非简单的暴力与表演）以及观念的改变（"现在我明白为什么这么多孩子喜欢 WWE 摔跤手了"）使得她的这次经历充满了心理富足感。

当然，好奇心与经验开放性也是获取心理富足感必不可少的性格因素，因为它们能够鼓励人们去体验新奇的经历。此外，在不同的经历中体验各种迥异的观念，这种碰撞也能够改变一个人的思维方式，使人们得到丰富的知识，培养谦卑的心态，从而获得心理富足感。

快乐是满足自己，意义是奉献社会，而心理富足则带来才智。

当然，对于理想生活，每个人都有自己的理解和看法，它的范围无比广泛，而快乐、生命意义与心理富足也仅仅是理想生活的一个方面。

3. 人们何以追求不同的理想生活？

世上没有人不期待过上理想生活，也没有人会拒绝幸福。但是，每个人对理想生活的标准各有不同。这种生活目标的差异大概出于以下三种原因（Oishi & Westgate，2021）：

（1）价值观差异。价值观指个人对客观事物以及自己的行为结果的意义、作用、重要性的总体评价，引导着人们的人生追求。比如，一些人看重安全、稳定和舒适，因此选择待在家乡的小城；一些人渴望有所作为，因此追寻生命意义；还有一些人则期待冒险与挑战，因此试图寻觅新奇的体验。

（2）补偿心理。在人生目标的选择上，补偿心理往往表现为人们渴望自己生活中缺乏的事物。例如，生活在动荡的经济政治环境中的个体会寻求安稳的生活；同样，一个生活稳定且舒适的人也许渴望有一个更多可能性的人生；而一个生活上精彩纷呈的人也可能觉得对社会的贡献不足。

（3）自我辩护。自我辩护是指个体珍视和拔高自己所拥有的事物的价值，重视自己当前的生活并将此作为进一步的人生目标。例如，一个生活安稳的人还会渴望得到更多快乐，一个热心公益的人会希望继续为社会创造更多价值，一个有着丰富经历的人会期待拥有更多未知的旅途。

人生没有高低之分，理想生活也并不遥远。如果你没有富足的物质条件，没有为社会做出巨大贡献的能力，那就读一本好书、看一部经典电影或是踏上一段充满未知的旅程，理想生活也许就会悄然而至。

参考文献

Oishi, S., Choi, H., Heintzelman, S. J., Kushlev, K., Westgage, E. C., Buttrick, N., Tucker, J., Ebersole, C. R., Axt, J., Gilbert, E., Ng, B. W., Kurtz, J., Besser, L., Galinha, I., Ishii, K., Komiya, A., Koo, M., Luhmann, M., Scollon, C. N., Shin, J-E., Suh, E. M., & Vittersø, J.. (2019). What is a psychologically rich life? : unpublished manuscript. Columbia University, New York.

Oishi, S., Choi, H., Buttrick, N., Heintzelman, S. J., Kushlev, K., Westgate, E. C., Tucker, J., Ebersole, C. R., Axt, J., Gilbert, E., Ng, B. W., & Besser, L. L.. (2019). The psychologically rich life questionnaire. *Journal of Research in Personality*, 81 (4), 257-270.

Oishi, S., & Westgate, E. C.. (2021). A psychologically rich life : beyond happiness and meaning. *Psychological Review*. https://doi.org/10.1037/rev0000317.

Steger, M. F., Frazier, P., Oishi, S., & Kaler, M.. (2006). The meaning in life questionnaire : assessing the presence of and search for meaning in life. *Journal of Counseling Psychology*, 53, 80-93.

（应盛嘉　段锦云）

02 心理学家教你如何成为一个智慧的人

1. 心理学视角的智慧

智慧通常是这样定义的：一个人很理智（rationality），拥有很强的自我管理能力，可以从创伤性生活经历中总结出许多道理。在很多人的眼里，智慧代表着人的最高思维能力。

但心理学家认为，这些能力用于描述智慧是远远不够的。最先提出此观点的是 Calyton。Calyton 提出，智慧是一种以辩证思维（dialectical thinking）为基础，理解和接受社会环境中存在的冲突和矛盾的个体倾向。

辩证思维是指以变化和发展的视角认识事物的思维方式，通常被认为是与形式逻辑思维相对立的一种思维方式。在形式逻辑思维中，事物一般是"非此即彼""非真即假"的，而在辩证思维中，事物可以在同一时间里"亦此亦彼""亦真亦假"，且这种矛盾性无碍人的思维活动正常进行。

Calyton 认为，辩证思维可以让人们从看似冲突的事物中发现联系甚至共性。以辩证思维为依据，Calyton 区分了一般的认知能力（domain-general cognitive abilities）和智慧，前者更适合解决一些条理清晰的问题（有固定的解决路径）。然而，我们身处 VUCA 时代（v=volatility，易变性；u=uncertainty，不确定性；c=complexity，复杂性；a=ambiguity，模糊性），所面临的往往是模糊的问题（比如，在条件不清楚或信息不全的情况下做选择等），这时所需要的就是智慧。

基于 Calyton 的研究，Baltes 进一步扩展了智慧的定义。Baltes 认为智慧是一种专家知识体系（an expert knowledge system）。该体系包括：理解个体虽处于不同的情境，但依然存在联系；认识到个人利益和组织利益之间可能存在冲突；了解生活中存在许多不确定性，并且自己有能力去解决这些不确定性。

可以看出，各学者虽然持不同理论，但他们都将一个人的权衡能力放在评估智慧的关键位置，而这种能力又被称作明智判断（wise reasoning）。

学者们将明智判断归纳为以下五个方面，而这正是智慧的核心。

- **理智谦逊**（intellectual humility）；
- **承认不同的看法**（acknowledgement of different points of view）；
- **对社会关系的变化保持敏锐**（sensitivity to the possibility of change in social relations）；
- **辨识冲突可能引发的多种结果**（acknowledge of the likelihood of multiple outcomes of a conflict）；
- **解决对立观点时会优先做出让步**（preference for compromise in resolving opposing viewpoints）；

2. 用 SWIS 来测量智慧

虽然关于智慧的理论有很多，但很多都没有实证结果做支撑。以下是几种常见的测量方法：

第一种是评估当事人的叙述。这一方法由 Baltes 和他的同事提出。该方法要求参与者回想家庭或生活中遇到的某个困境，以及询问他应该如何应对。然后，编码器会对他的叙述进行编码，且对有关明智判断的部分进行评分。和这个方法类似的还有 Grossman 等学者开发的方法，即参与者口头叙述一个人际间的冲突，并对主试的提问（你认为接下来会发生什么？为什么会那样发生？你认为你应该怎么做？）进行回答。接着编码器对其回答进行评分。

缺点：编码器可能很难准确评估被试的叙述。所以，即便花费了大量的时间与金钱，也无法保证其有效性。

优点：关注人们在复杂情境中的意识判断，这对智慧的深层理解有重要意义。

第二种是自我评估。由于前一种方法在操作上的难度较大，许多学者采用了整体自评问卷。该问卷只需被试对有关明智判断的内容进行自我评估。

缺点：当被试自我评估一种被社会高度认可的品质（比如智慧）时，被试会用夸大、欺骗或隐瞒等反应来迎合社会期望，因此结果会出现偏差。

优点：相较于第一种评估方法，本方法更好操作，只需要被试对有关明智判断的几个维度进行自评。

但是上述两种方法都有缺点。笔者在本文想要和大家介绍的是 SWIS（situated wise reasoning scale）。它融合了前两种方法的优点，是目前值得信赖的测量工具。

SWIS 是如何开发的？

首先，研究者设计了 46 个条目——每个条目都可对应明智判断（即智慧的核心）的某个方面。为确保每个条目都具有情境普适性，并且只与明智判断的一个维度相对应，研究者对其进行了多重分析，最终确定了21个条目，分别对应5个方面，见图1。

承认不同的看法
1. 站在他人的角度思考问题。
2. 尽量以能引起他人共鸣的方式交谈。
3. 努力去理解他人的视角。
4. 在下结论之前花时间去获取他人关于事件的想法和观点。

辨识冲突可能引发的多种结果
5. 根据情况变化来决定不同的解决方案。
6. 根据情况变化考虑备选解决方案。
7. 相信当前的情形会产生多种不同的结果。
8. 认为当前的情形会以多种不同的方式展开。
9. 反复审视自己对情形是否了解有误。

理智谦逊
10. 再三确认他人的观点是否正确。
11. 在形成自己的观点前考虑是否存在特殊情况。
12. 在行动或表达观点时，明白有一些信息自己还没有完全考虑。
13. 尽自己所能找到一种能使双方都认可的解决办法。

解决对立观点时会优先做出让步
14. 尽管不一定能成功，但我尽可能地寻找一种使双方都满意的解决方案。
15. 首先考虑是否可以通过折中来解决问题。
16. 把共同解决问题视为是最关键的。
17. 尝试预估冲突可以如何被解决。

对社会关系的变化保持敏锐
18. 将自己想象为一个旁观者，我该如何看待当前的形势。
19. 通过局外人的视角来看待冲突。
20. 询问自己，他人会如何看待这场冲突。
21. 考虑局外人处于自己的位置时，是否会有不同的观点。

图1 SWIS 的细分条目

如何利用它来测量智慧（即明智判断）？

情境重现（event reconstruction）：首先，研究者会要求被试回想最近与同事（或朋友）的一次冲突。为了更好地使被试回想当时的情节，研究者会给被试提供一些提示性问题（例如，事件发生的时间和地点、起冲突的对象、当时的心理感受等）。这个过程可以大大减轻被试由于社会期许而产生的天花板效应和地板效应。

完成 SWIS：被试在完成情境重现之后，会对 SWIS 的每一个题项进行 1 ～ 5 评分（1= 一点也没有，5= 非常）。最终，研究者将被试的得分结果进行评估。

3. SWIS 可信吗？

这里首先提出两个概念。聚合效度（convergent validity）：运用不同测量方法测定同一特征时测量结果的相似程度。研究者将被试在 SWIS 的得分情况与先前两种测量方法所得出的结果进行分析，发现它们存在一致性（相关系数高）。区分效度（discriminant validity）：那些理应与预设的构念（construct）不存在相关性的指标确实与它没有关系。研究者发现 SWIS 测量并不会受到偏差反应和社会认知偏差的影响。

可以看出，SWIS 是一种融合了前两种方法的评估工具。因此，相比于前两种方法，SWIS 具有较高的效度，是一种能够有效评估智慧的工具。

4. SWIS 有效吗？

SWIS 和进化心理机能的关系

生活中一提到智慧，我们往往会将它与"思维包容开放""管控自身情绪""善解人意""归因全面多样"联系在一起。因此，研究者试图探讨 SWIS 的得分是否与这些进化心理机能相关。

归因复杂性（attributional complexity）：通过量表，对个体对社会事件深入了解的兴趣程度进行 1 ～ 7 评分（1= 完全不同意；7= 非常同意）。共 28 个题目，典型例题为"我很少关注人们影响他人的不同方式（反向题）"。

和谐关系导向（communal relationship orientation）：被试需要将其对社会关系的导向水平进行 1 ～ 5 评分（1= 与我完全不符；5= 与我完全一致）。共 10 个题目，典型例题为"我能体察到他人的感受"。

情绪管控（emotion regulation）。情绪管控问卷由两个维度构成。第一个维度，重评（reappraisal），评估个体通过改变对情境的思维方式从而管控自身的情绪，共 6 个题目，例如"当我想变得更积极时，我会改变对现状的态度"；第二个维度，抑制（suppression），评估个体通过压抑自身从而控制情绪，共 4 个题目，例如"我通过压抑自己不把情绪表达出来，从而管控情绪"。两个维度的题目均采用 1 ～ 7 评分（1= 与我完全不符；7= 与我完全一致）。

研究结果发现，SWIS 得分越高的人，其归因方式越多元化，越擅长通过调节对情境的态度来管控自己的情绪；此外，SWIS 得分高的人还会表现出更高的和谐关系导向。

SWIS 和平衡能力之间的关系

根据斯滕伯格的平衡理论，智慧常常体现于个体置身于不同环境时，在改变环境和适应环境之间的平衡。对多数人来说，平衡这对关系很难。例如，对于自己失败的原因，人们会更多地将其归结于情境因素，而非个人因素；相反，对于他人失败的归因，人们会高估他人在事件中的作用。因此，SWIS 得分是否与对这种关系的平衡能力有关呢？

多种关系的平衡包括：

（1）个人利益与集体利益的平衡。社会取向是指一个人对个人重要性和他所属群体的认识，分为个人主义和集体主义。研究者认为如何平衡个人利益与集体利益是个体的平衡能力和智慧的体现。

（2）改变环境与适应环境的平衡。被试需要完成一个评分表，对他们处于冲突时使用的策略进行 0～5 评分（0= 不会考虑；5= 优先考虑）。通过适应环境来解决冲突的方法有：确保自己没有阻碍他人。通过改变环境来解决冲突的方法有：坚持自己的观点，要求别人了解自己的想法和需求。

（3）因果推论的关系平衡，即能否对冲突中自己与对方的角色进行准确评估。冲突环境往往会导致归因偏差，人们往往会为自己的消极结果寻找情境因素，而对于对方往往会忽略情境因素。因此，研究者让被试完成一份有关因果推论的问卷，同样进行 1～5 评分（1= 一点也不；5= 非常）。例如：你认为你应该受到指责吗？你认为其他人是这场冲突的主要导火线吗？

上述项目的得分越高，个体在该项目上的平衡能力就越强。

最终的结果是，上述三个项目的得分与 SWIS 得分正相关。这说明，越智慧的人，越能够平衡"个人利益与集体利益""改变环境与适应环境"的关系，并且在对他人在冲突中进行归因时越会考虑更多的情境因素。

5. 结语

讲到这里我们就知道了，智慧的核心是：理智谦逊，承认不同的看法，对社会关系的变化保持敏锐，辨识冲突可能引发的多种结果，解决对立观点时会优先做出让步。综上，智慧与复杂性认知以及平衡性思维和能力，都有紧密的联系。

最后送给大家一句话：智慧并不在于理解信息本身，而在于能否通过对它的理解来找到最合适的解决办法。

参考文献

Brienza, J. P., Kung, F. Y. H., Santos, H. C., Bobocel, D. R., & Grossmann, I.. (2017). Wisdom, bias, and balance : toward a process-sensitive measurement of wisdom-related cognition. *Journal of Personality and Social Psychology*, 115（6）, 1093-1126.

（陈祉希　段锦云）

03 知人者智，自知者明：自我概念清晰性

《道德经》中讲"知人者智，自知者明。胜人者有力，自胜者强"，其意是，了解别人的人是智慧的，了解自己的人是聪明的，战胜别人的人是有力量的，战胜自己的人是真正强大的。孔夫子说"四十不惑"，那么人到了 40 岁就没有困惑了吗？事实好像并非如此。

人在一生中都要与"自我"（self or ego）共生共存，而认识自己、学会与自己相处，则是我们毕生都需要面对和应对的课题。

1. 什么是自我概念清晰性？

"自我概念"（self-concept）是学界经久不衰的研究主题。多年来，心理学家深入探索了自我概念的内涵和外延。其中，自我内容的认识（我是谁）和评价（我对自己感觉如何）是自我概念的重要组成部分。每个人的自我概念都不尽相同，积极的自我内容（比如，自信、乐观）对人有着明显的助益作用，但自我概念的变化和发展会持续一生，因此建立对自我的清晰认识（比如，是否能够清楚地、准确地认知到自己是自信和乐观的）是个体的重要任务。

随着研究者将自我概念的重点放在对自我"质"的认识上而非对"量"的认识上，Campbell 等人（1990，1996）提出了自我概念清晰性（self-concept clarity）这一概念。其指的是人们在多大程度上对自我概念有着清晰、确凿的定义，并且能够保持内部一致性，以及一段时间内的稳定性。比如，不管处于何种情境或者遭遇何种事件，个体都会清楚地意识到自己身上自信或者乐观的特征以及它的变化。

人们对自我的认识是一个从无到有的过程，每个人都是在一次次的经历与反思中探索自我、发现自我，进而逐渐明白"我到底是一个什么样的人"。

以生命全程发展观为视角，自我概念清晰性随着时间的推移呈现"倒 U 型"变化，即在成长早期持续上升，靠近中年后期达到平稳，随后可能出现下降。当然，该过程存在较大的个体差异（Lodi-Smith et al.，2017）。

通常来讲，从童年到青少年时期，个体开始逐渐建立对自我内容的认知，家庭环境在这一时期扮演着重要的角色。比如，高质量的亲子关系和较高的家庭经济地位（家境好）均能够促进青少年的自我概念清晰性的发展；至成年期，由于社会角色的多样性和社会关系的复杂性，自我概念清晰性的发展进入一个相对快速且高变异的阶段，个体需要找到适合自己的位置和角色，并不断调整自我的状态以便于更好地适应外界环境；到中老年期，在经历了各种角色的变化与适应后，个体的自我认知趋于平稳，倾向于巩固已有的角色内容。然而，随着年龄增长社会角色退出和大脑机能衰退，老年人的自我概念清晰性可能会下降。

自我概念清晰性如何影响我们的生活？

心理健康

自我概念清晰有助于人们在生活中体验到更多的积极情感。研究发现，高自我概念清晰性的群体通常拥有更高的幸福感、满足感、生活满意度和生命意义感等，同时，他们也有着较少的消极情绪，包括面对负面事件的焦虑、抑郁、自我损耗以及压力感等。这可能是因为，人们对自我内容的认识越清晰明确，就越能够理解、解释和接纳自己所经历的生活事件，并尝试从中获得正面的情绪感受。相反，当人们对自我内容的认识较为薄弱和贫瘠时，他们不能对自己和外界环境做出恰当的评价，难以明确自我的能力和价值，由此产生负面的情绪感受。

生理健康

低自我概念清晰性的个体对自我的感觉是脆弱的、不清楚的，所以他们可能会很随意地将外界不恰当的信息整合进自我认知里，从而做出有害健康的行为。

清晰的自我概念能够帮助人们降低一系列身体疾病的风险，包括进食障碍、孤独症谱系障碍、精神分裂症等。以近几年网络中盛行的"身材焦虑"为例。有学者指出，由于低自我概念清晰性的个体不能够准确地认识和评价自我，缺少自己的标准和规则，他们对外界标准的内化程度较高，更容易以其他人的标准来评价和要求自己，于是采取不健康的饮食方式，长此以往便会诱发进食障碍。

行为策略

除了心理与生理层面的因素，自我概念清晰性还会对人们的行为策略产生影响。研究发现，高自我概念清晰性的人倾向于采取以问题解决为导向的行为策略和积极的应对方式，比如计划、主动行为和抑制竞争等；而低自我概念清晰性的人倾向于采取以情绪为主导的行为策略和消极的应对方式，比如否认、心理脱离和行为脱离等（Lodi-Smith et al.，2010）。

当个体具有较高的自我概念清晰性时，他们能够根据各类情境的具体需要最大化地利用自己的个人特点，选择合适的行为。特别是在遇到负面事件的时候，高自我概念清晰性的个体更容易找到自我概念中的积极部分，肯定自我的价值，由此减少负面事件带来的消极反馈和对自我的威胁，不会表现出过多的反刍现象，即不会持续地、过度地沉浸在负面事件中，而是保留更多的认知资源以现实地、有建设性地直面和解决问题。

2. 如何提高自我概念清晰性?

勇于尝试，拥抱变化

山本耀司说，自我这个东西是看不见的，需要不断撞上一些别的什么，反弹回来，人才会了解自己。所以，要与很强的东西、可怕的东西、高水准的东西碰撞，然后我们才能看见自己。

研究发现，新的环境（比如，海外环境）、新的生活经历（比如，维系一段亲密关系）、新的社会角色（比如，步入社会开始工作），均有助于人们对自我内容的审查和认知（Lodi-Smith et al.，2010）。这是因为，新异的事物往往会与现有的自我经验发生冲突，促使人们对已有自我内容的反思或思考，而自我反思会让人们更加明确自己应该相信什么，最终明白自己是谁；相反，当个体长期处于某一类生活环境时，他们会潜移默化地发展出固定的思维模式和行为习惯，自我与环境的互动模式较为单一，因此，也难以察觉或拓展自我概念的新内容。

生活充满了变化，人在一生中也会经历各种变迁。虽然新异的事件或者经历可能给人带来压力，但每一次对未知的探索和尝试，也是一次认识自我的宝贵机会。换言之，一些有利于自我发现、自我揭示，甚至自我创造的经验，都能够帮助我们加深对自我概念的理解和把握。

勤于观察，善于思考

认识自我概念清晰性需要人们先了解自我内容，而后对这些内容做出明确的判断和评价。由于自我理解需要自我思索，而自我意识又与有意识的思考密切相关，基于此，正念可谓提高自我概念清晰性的有效途径。

研究发现，正念练习有利于个体调整对自我的认知，摆脱对自我的习惯性理解，以及增进对自我的本质性理解。

正念起源于东方禅修，是一种有目的且不批判地将注意力集中于当下状态的方法。它属于一种意识状态或者心理过程，主要包括知觉、注意和记住。其中，知觉是个体对自己和外部环境的意识；注意是对这种意识的定向关注，个体通过定向的知觉来了解内外部的环境，而不是局限于某种偏见；记住则强调个体每时每刻都要保持知觉和注意（Kudesia et al., 2015）。因此，正念训练通过引导个体对此时此刻、内外部的持续注意和不批判性接纳，把人们从常规的、有偏差的自我认知中解脱出来，以实现自我觉醒。

3. 结语

自我概念不仅取决于其具有多少积极的内容，还取决于人们在多大程度上对自我内容有着清楚且稳定的认知。例如，某个人可能确实拥有自信、乐观的品质，但是如果他不能够清楚地认识到这一点，那么自信、乐观在他身上便很难最大限度地发挥出作用。类似地，如果一个悲观的人能够意识到自己的悲观特质以及其如何随着情境而变化，那么悲观对他的负面影响在一定程度上会被削弱。因此，增强对自我概念清晰性的认知能够帮助人们更好地认识自我，发挥自我概念的功能与效用。

参考文献

Campbell, J. D., Trapnell, P. D., Heine, S. J., Katz, I. M., Lavallee, L. F., & Lehman, D. R.. (1996). Self-concept clarity : measurement, personality correlates, and cultural boundaries. *Journal of Personality and Social Psychology*, 70, 141-156.

Kudesia, R. S., & Nyima, V. T.. (2015). Mindfulness contextualized : an integration of Buddhist and neuropsychological approaches to cognition. *Mindfulness*, 6, 910-925.

Lodi-Smith, J., & Roberts, B. W.. (2010). Getting to know me : social role experiences mediate the relationship between self-concept clarity and age during adulthood. *Journal of Personality*, 78, 1383-1410.

Lodi-Smith, J., & Crocetti, E.. (2017). Self-concept clarity development across the lifespan. In J. Lodi-Smith & K. G. DeMarree(Eds.), Springer.

Smith, M., Wethington, E., & Zhan, G.. (2010). Self-concept clarity and preferred coping styles. *Journal of Personality*, 64, 407-434.

（任小云　段锦云）

04 智慧的又一度量：认知复杂性

1. 什么是认知复杂性？

当我们用"复杂"一词形容一个人，说"这个人太复杂了"时，好像带有贬义。但聚焦于认知，"认知复杂性"中的"复杂"非彼"复杂"，它是一个中性词，更多针对的是认知的结构（而非内容）。"结构"指的是个体在思考中使用的概念规则，即人们是如何思考的。

认知复杂性（cognitive complexity）是指人们理解世界的复杂性的程度，也是认知外在世界的基础和映射。

认知复杂性涉及分化（differentiation）和整合（integration）两个认知过程（Tetlock et al., 2014）。分化是指对特定主题所能想起的不同概念的数量，整合是指在不同概念之间建立联系。我们可以从分化水平和整合水平的程度来评估一个人的认知复杂性。

高分化意味着人们能从多个角度思考问题，能认识并接受问题的不同方面。因此，能从多个角度看问题的人就比只从单一角度看问题的人认知更复杂。而低分化是一种非黑即白的一维思考方式，低分化的人不能容忍不确定性和多元的观点，仅仅依赖问题的某一特征来解释事件。

高整合意味着人们可以进一步比较不同观点，并在多样的信息中建立联系（涉及多种要素间强弱关系的相互联系、相互影响、因果归因、综合等）。因此，看到不同观点间联系的人比只看到不同但不能识别它们之间的联系的人，认知更复杂。

分化是整合的基础，整合是分化的升华。

认知复杂性概念提出伊始，学界便关注个人概念系统的分化程度。随着研究的发展，学界认为认知复杂性还应具备整合性或集成性的特点。根据 Kelly（1991）提出的个人建构理论（personal construct theory），认知复杂性是个体认知系统的结构性、发展性底层系统。它既是一种基于遗传的特质，也是一种与情境相关的状态性特征。

2. 认知复杂性的影响

认知复杂性高的人能够感知到人或情境中的细微差异，并且能够更好地应对这种差异。认知复杂性高的人会以不那么极端的方式与人打交道，因为他们能够认知到人们不同的习俗、习惯和价值观。研究也发现，当我们面对压力事件的时候，认知复杂性高的个体更能较好应对，从而对出乎意料或无结构的情境产生较少的焦虑情绪（陈会昌，张红梅，2007）。

在认知复杂性与个人魅力的关系研究中，有学者考察了从乔治·华盛顿到巴拉克·奥巴马美国 41 位总统的国情咨文演讲。研究发现，赢得连任的总统的认知复杂性越高，其个人魅力也越高（Wasike，2017）。

从分化的角度来看，低认知复杂性的演讲者：（1）表现出一种片面的世界观和对问题的狭隘看法；拒绝现状之外的例外情况；以忽略其他主题为代价强调单一主题。（2）在对他人发表价值性评价时，倾向于把多个问题混为一谈，把它们归为简单的类别；习惯指出对手的缺点，并过分强调自己和盟友的优点。

从整合的角度来看，高认知复杂性的演讲者支持包含各种替代方案和问题的观点，表现出对差异化的关注。不光如此，他们还能解释它们之间的相互联系。高认知复杂性的演讲者更有哲学性，更有可能用具体的例子来阐述他们的想法，并描述因果关系和随后的结果。

认知复杂性有助于个体获得多元化的视角，帮助个体减少偏见和过度自我关注（Magaletta & McLearen，2015）。相较于低认知复杂性的人，高认知复杂性的人在不确定的环境中会做出更有效的决策。这是因为，认知复杂性影响着个体在决策过程中搜索和解释信息的效能。高认知复杂性的人善于综合各方面的信息，进行系统思考。

由认知相对复杂的成员组成的群体在计划、搜索信息、考虑对方可能做什么等方面都可能表现得更灵活，能更多地将新的、有时是不确定的信息纳入进一步的行动中，更紧密地将先前的决定与当前的决定联系起来，并在信息过载或信息不足的情况下更好地决策。

研究发现，低认知复杂性的人更容易随大流。这是因为低认知复杂性的人看问题的角度比较单一，对问题的思考和分析难以深入，缺乏主见，从而更依赖他人的建议（卜楠，杜秀芳，2015）。

在职场，提升员工的认知复杂性有利于培养员工的创造性思维，这是因为，高认知复杂性的员工能够使用更多概念来分析周围的现象，在处理问题时多采用分析式加工策略，拥有更多的备选方案。对高管团队而言，高认知复杂性有助于组织收集和响应利益相关者的需求，这将为组织带来更高的社会绩效（而非单纯的财务绩效）。此外，认知复杂性的提升可以帮助领导者容忍模糊和不确定性，增强战略灵活性，使其能够注意到并应对更多刺激，从而避免战略惰性（Graf-Vlachy et al.，2020）。研究也发现，高认知复杂性的心理咨询师能表现出更多元化的视角，咨询方法更灵活，对个案的理论性思考也更全面（Magaletta & McLearen，2015）。

在军事、外交、情报等领域，研究发现，认知复杂性高的人能更好地理解、整合关于该问题的不同方面和复杂观点，从而减少极端的决策。以美国第 45 任总统特朗普为例，我们不难发现，他的推特和对外发言中多呈现极度肯定、极度否定或夸张的修辞手法，"certainly""absolutely""all""must""no""never"等单词经常出现。这表明，特朗普基本遵循简单、一维的思维方式，表现出明显的低分化低整合特征。面对经济、就业、医疗改革、贸易逆差等压力情境，他采用相对极端的策略，如推翻奥巴马的医改方案、退出国际性协定、与中国打贸易战等。研究还发现，从国家元首的认知复杂性中可以预测区域冲突升级。例如，越是认知复杂性低的国家元首越容易让冲突升级及陷入外交危机。这种趋势在第一次世界大战、印巴冲突、伊拉克战争中都得到了验证（Suedfeld，2010；Wasike，2017）。

在说服人们接受气候变化的研究中，有学者发现，对于认知复杂性高的人来说，与只呈现气候变化的事实（单边论据）相比，呈现相互矛盾的信息和事实（双边的、矛盾性的论据）更有说力。而对于那些认知复杂性低的人来说，单边论证比双边论证更有说服力。这表明，高认知复杂性的人的推理能力更强，更偏好基于多角度的论据，综合各方面的信息，系统思考，做出自己的判断（Chen & Unsworth，2019）。

但也有研究发现，认知过分简单和认知过分复杂都可能导致个体做出道德上有瑕疵的决策。换言之，认知复杂性处于中等程度的个体更可能做出道德行为。过分简单的认知会本能性地容许个体"利于自己而损害群体"的反应占上风，这是因为简单地考虑问题，忽略了行为的道德后果。过分复杂的认知将为个体的道德合理化铺平道路。具体来说，复杂的认知可以帮助个体为不道德的行为辩护，允许人们证明"想要"的行为比"应该"的行为更合理，缓解由于不道德行为引发的内心冲突，并导致道德行为的恶化。所以，在同样的情况下，中等程度的认知复杂性会让我们权衡利己和利他，思考行为的道德后果，从而做出道德决策（Moore & Tenbrunsel，2014）。

3. 如何提高认知复杂性？

我们对事物的认知定义了事物的边界，而这一边界又把我们牢牢禁锢在其中。当我们要打破事物的边界时，最重要的是发展认知复杂性，建立一个更广阔（分化）且更整合的认知结构。我们可以运用以下原则来提升认知复杂性。

做终身学习者。从认知发展的过程来看，认知复杂性受到个体思维能力的发展，特别是分析与综合能力和推理能力的影响（Moore & Tenbrunsel，2014）。此外，研究发现，认知复杂性也受知识储备、教育水平等的影响（Graf-Vlachy et al.，2020）。因此，为了提高认知复杂性，我们不要止步于学历教育，还要进一步通过继续教育、广泛阅读等方式持续吸收各领域的知识，通过丰富的学习活动拓宽自身的认知广度和深度，促进思维能力和认知复杂性的发展和提升。

积极实践与反思。研究发现，认知复杂性的提升依赖于经验、训练以及多样性的环境（Wilkinson & Dewell，2019）。经由培训或者亲验实践，人们的认知复杂性会提高。因此，通过实践和反思，提升自身辨别不同的乃至相互冲突的两条或多条信息的能力，从简入繁，再化繁为简，于此，个体的认知复杂性方可得以提升。

参考文献

陈会昌，张红梅 .（2007）. 对中学生的人格建构与学校适应的相关分析 . 心理学报，1，129-134.

卜楠，杜秀芳 .（2015）. 社会认知复杂性对个体建议采纳的影响：人际信任的中介效应 . 应用心理学，21（4），378-384.

Chen, L., & Unsworth, K..（2019）. Cognitive complexity increases climate change belief. *Journal of Environmental Psychology*, 65, 101316. https://doi.org/10.1016/j.jenvp.2019.101316.

Graf-Vlachy, L., Bundy, J., & Hambrick, D. C..（2020）. Effects of an advancing tenure on CEO cognitive complexity. *Organization Science*, 31（4）, 936-959. https://doi.org/10.1287/orsc.2019.1336.

Kelly, G. A..（1991）. The psychology of personal constructs. London:Routledge.

Magaletta, P. R., & McLearen, A. M..（2015）. Promoting cognitive complexity in corrections practice : clinical supervision processes with psychotherapist trainees. *Psychotherapy*（chicago, Ill.）, 52（2）, 164-168.

Moore, C., & Tenbrunsel, A. E..（2014）. " Just think about it " ? : cognitive complexity and moral choice. *Organizational Behavior and Human Decision*

Processes, 123 (2), 138-149.

Suedfeld, P.. (2010). The cognitive processing of politics and politicians : archival studies of conceptual and integrative complexity. *Journal of Personality*, 78 (6), 1669-1702.

Tetlock, P. E., Metz, S. E., Scott, S. E., & Suedfeld, P.. (2014). Integrative complexity coding raises integratively complex issues : complexities of integrative complexity coding. *Political Psychology*, 35 (5), 625-634.

Wasike, B.. (2017). Charismatic rhetoric, integrative complexity and the U.S. presidency : an analysis of the state of the union address (SOTU) from George Washington to Barack Obama. *The Leadership Quarterly*, 28 (6), 812-826. https://doi.org/10.1016/j.leaqua.2017.04.002.

Wilkinson, B. D., & Dewell, J. A.. (2019). Cognitive complexity : differentiation and integration in counseling practice and training. *Journal of Counseling and Development*, 97 (3), 317-324.

Wong, E. M., Ormiston, M. E., & Tetlock, P. E.. (2011). The effects of top management team integrative complexity and decentralized decision making on corporate social performance. *Academy of Management Journal*, 54 (6), 1207-1228. https://doi.org/10.5465/amj.2008.0762.

（郭　薇　段锦云）

赋能人生

01 "阴阳"思想与领导艺术：悖论式领导

生活中大部分事物都是正反同时出现的，比如，一枚硬币有正面也有反面，又如颜色有黑有白，它们看似对立，但都处于一个系统之中，彼此相依。这好比是，没有邪恶与痛苦就没有正义与幸福。

领导者是一个组织的"火车头"，也是"守门员"，他经常面临各种复杂的内外情境，而这需要他把握全局，统筹好各方需求，并维系好集体利益。

1. 组织中的悖论情境与悖论式领导

悖论包含了两个核心特征：相互矛盾性和相互依存性。

悖论思想早在春秋时期的阴阳哲学中就出现了。阴阳哲学认为世界是整体的、动态的、辩证的。随着研究的发展，悖论思想逐渐延伸到组织管理领域。所有组织都建立在悖论的基础上：一方面，组织建基于自由、富有创造力、独立的个人这一人类主体；另一方面，这些主体之间需要秩序、组织和控制。

随着组织（以企业为代表）面临的环境越来越复杂，内外竞争愈发激烈，组织会面临诸如控制与弹性、远期探索与当下利用、集权与分权等宏观和微观层面的悖论难题。领导者不可避免地需要协调很多看似矛盾却又相互联系的需求。例如，组织希望严格控制工作或生产过程，而下属希望他们在执行任务时被赋予更多自主权。

如何有效应对悖论情境带来的挑战，对组织的生存和发展至关重要。于是，悖论式领导应运而生。张燕等（Zhang et al.，2015）基于中国阴阳哲学思想提出"悖论式领导"（paradoxical leader behavior，PLB）概念，将它定义为一种"两者/都"而非"二选一"的辩证思维模式，并认为它是一种能将看似矛盾却又相互联系的行为统一、协调起来的领导方式。

2. 悖论式领导的五维结构与测量方法

张燕等（Zhang et al.，2015）提出并开发了悖论式领导的五个维度，分别是：

（1）既自我中心又他人中心。自我中心意味着领导者是权力的中心，具备影响他人的能力；而他人中心意味着领导者关心或尊重下属。悖论式领导可以协调以自我为中心和以他人为中心，例如，高度自信并渴望成为关注焦点的领导者，同时可以表现出谦逊和对他人（及其价值）的认可。

（2）保持距离又维持亲密。领导者通过分配任务来显示自身权威和保持权力距离，然而，基于领导-成员交换思想（LMX），亲密的关系会促进下属的积极工作态度和行为。因此，领导者需要协调"与下属保持距离"与"维持亲密"之间的矛盾关系。

（3）对待下属一视同仁又区别对待。悖论式领导遵从对待员工一视同仁的基本原则，但又独特或个性化地对待下属，协调统一性和个性化。例如，在给下属分配相似内容和难度的任务时，根据他们的技能或对任务的兴趣分配不同的工作部分。

（4）严格执行工作要求又保持灵活性。这是控制与授权并置的一种情况。领导者在工作过程中严格监管下属的行为，同时赋予员工灵活和自主行动的自由。领导者给员工指引明确的方向和清晰的愿景，一些工作细则又可由员工自行决定。

（5）维护决策控制又允许自主性。这是控制与授权并置的另一种情况。领导者在决策过程中保持权威性，同时给员工自主性，允许或鼓励员工自由发表意见。

这五个维度体现了领导者管理团队时的两个常见悖论：强调集体（团队）与强调个人，以及保持控制与确保灵活。前三个维度对应于集体与个人的悖论，后两个维度对应于控制与灵活的悖论。

在悖论式领导的测量方面，目前开发了两个量表：张燕等（Zhang et al.，2015）的基层领导者在人员管理中的悖论行为测量，以及张燕等（Zhang et al.，2019）的 CEO 在企业长期发展中的悖论行为测量。

3. 悖论式领导的成因

现有关于悖论式领导成因的研究主要集中于领导者的认知因素及组织情境因素。

领导者的认知因素

一是领导者的整体性思维（holistic thinking）。整体性思维关注的是整体或领域而不是单个元素，这种思维会影响领导者的行为。具有整体性思维的领导者认为，悖论的两个方面是存在联系的，他们更可能将矛盾的两端相互关联并加以整合，以寻找动态共存的可能性（Zhang et al.，2015）。在管理过程中，他们将考虑并整合组织和下属双方的要求。

二是领导者的综合复杂性（integrative complexity）思维。这一思维体现的是领导者认同在同一问题上有不同观点，并具有在不同观点之间建立联系的意愿和能力。具有综合复杂性思维的领导者接受不同的观点，对可能的悖论信息持开放态度，可以更好地应对相互冲突的需求。例如，他们能同时识别和兼顾组织需求和追随者需求。此外，具有综合复杂性思维的领导者会对问题寻求综合的解决方案，善于寻找新的方法和中间态来整合不同的观点。

组织情境因素

除领导者的认知因素外，组织情境因素也是悖论式领导形成的重要原因。已有研究关注了组织结构和环境不确定性两种组织情境因素。

一是组织结构。张燕等人（Zhang, et al., 2015）发现，组织结构对悖论式领导的形成有重要影响。组织结构是组织的流程运作、部门设置及职能规划等最基本的结构依据。在机械式结构中，上级部门明确掌握决策权，规则和规定是严格和统一的，在这种稳定的环境中领导者不太需要考虑下属的需求。而在有机结构中，权力是分散的，沟通是开放和灵活的，这种结构对个性的包容度更大。因此，有机结构更有利于悖论式领导的出现，也更需要悖论式领导。

二是环境不确定性。在环境不稳定时，个人缺乏足够的信息来准确预测事件，这通常是因为事件超出了个人控制或发生了超预期的外部变化。张燕等人（Zhang, et al., 2019）提出，环境不确定性可能会激励高管在组织的一些悖论情境中采取行动——整合各方利益，同时既追求短期利益又追求长期发展，既保持局部稳态又维系整体开放。

4. 悖论式领导的效能

现有研究发现，悖论式领导对员工、团队和组织都会产生积极影响。

目前关于悖论式领导的作用效果的研究更多聚焦于员工个体层面。研究发现，其对员工的工作投入、工作绩效、双元行为、创造力等都有积极影响。

其中，双元行为是指，为提高绩效或促进创新，企业同时展开短期利用和长期探索并平衡两者的行为——利用行为是指对已有资源进行深度开发利用、改进已有技术或产品的行为；探索行为是指对未知领域的全新尝试，依靠全新的知识开发新产品、研究新技术并不断发现新机会的行为。

在组织中，员工个体、团队、组织都可以通过表现出双元行为来促进创新。学者们的研究（Zhang et al., 2015；Zhang et al., 2021）发现，悖论式领导可以为员工树立榜样，促进他们理解组织中的悖论情境，从而促进下属的一些主动行为。悖论式领导既可以通过促进员工的双元行为来提高员工的创造力，也可以通过提高团队的双元行为来提高团队的创造力；同样，悖论式领导对组织的二元行为和组织创新也有正面作用。

　　张燕等人（Zhang et al., 2019）还发现，悖论式领导对组织绩效也有促进作用，尤其是绿色发展和长期绩效。

　　总之，建基于阴阳哲学思想的悖论式领导，作为一种具有本土特色的新领导理论，对员工、团队、组织都有积极影响。这也给组织管理带来了新的启示。比如，在黑天鹅频发的VUCA时代，组织尤其需要注重培养管理者的悖论式领导风格，培养其整体性思维和综合复杂性思维。同时，要打造有机结构型组织，满足组织和员工之间、当下生存和长远发展之间对立统一的双元需求。

参考文献

Zhang, Y., & Han, Y. L.. (2019). Paradoxical leader behavior in long-term corporate development : antecedents and consequences. *Organizational Behavior and Human Decision Process*, 155: 42-54.

Zhang, Y., Waldman, D. A., Han, Y. L., & Li, X. B.. (2015). Paradoxical leader behaviors in people management : antecedents and consequences. *Academy of Management Journal*, 58: 538-566.

Zhang, J. M., Zhang, Y., & Kenneth, S. L.. (2021). Paradoxical leadership and innovation in work teams : the multilevel mediating role of ambidexterity and leader vision as a boundary condition. *Academy of Management Journal*, 64: 1-60.

（钱　程　段锦云）

02 保持年轻的秘密：我们如何看待
　　 自己的年龄

2018 年 BBC 有一篇这样的报道：69 岁的荷兰男子 Emile Ratelband 发起诉讼，希望合法地将其出生日期由 1949 年 3 月 11 日改为 1969 年 3 月 11 日。他的理由是，他认为自己受到了年龄歧视，而这影响了自己获得就业机会的概率。他向法庭提交了体检结果，证明自己的身体状况和 45 岁的人一样，并提出"人们有选择的自由，可以选择自己的姓名、性别，而我想要选择自己的年龄"。

这不禁让人思考：年龄到底是什么？除了实足年龄，心理上我们自己多大呢?

年龄是对自己生命的度量。那一页页撕去的日历、一根根吹灭的生日蜡烛，以及收到的一份份礼物，都记录着自己的年龄，即时间的流逝记载着我们的实足年龄（chronological age）。

然而，还有另一种年龄，即主观年龄（subjective age, psychological age）。它指个人对自己年龄的主观看法，反映我们感觉比实足年龄更小或更老的程度。虽然变老的过程是一个普遍现象，但人们对衰老的主观感知与实足年龄并不一致，对衰老的感知和体验也因人而异，且主观年龄比实足年龄更能影响人们的主观幸福感。

大多数成年人会把自己的主观年龄说得更小，而青少年更可能认为自己的主观年龄相较实足年龄更大。大体上 25 岁是一个转折点，25 岁前我们认为自己的主观年龄较大，之后可能转变为认为自己比实足年龄更年轻。这可能意味着，个体在向成年过渡并调整主观年龄时，进行自我比较的参照群体发生了变化。20 岁出头的人的参照群体可能是处于青春期晚期的人，而二十几岁的人的参照群体可能是处于成年早中期的人。另外，心理上的"年少老成"或年长后的"青春永驻"都是一种自我保护和社会适应机制，它既可以是一种真实感受，也可以是一种积极的心理暗示。

研究发现，感觉自己更年轻的人通常比感觉自己比实足年龄大的人过得更好（Kornadt et al., 2018），当然这句话反过来说也是对的。主观年龄较小的人更乐观、健康，以及会体验到更高的生活满意度和生活意义感。所以，个人可以通过感觉年轻来弥补年龄歧视的负面影响。

更小的主观年龄可用来对抗认知能力的下降，从而有利于保持年轻和积极的生活方式，这有助于避免衰老的负面影响。随着时间的推移，这有助于保持幸福感。但是在人的一生中，感觉更年轻是有限制的：那些感觉年轻但不超过一定程度的人，报告的生活满意度最高（见表 1）。

主观年龄对人们的工作和生活都很重要。感觉更年轻对健康、认知、工作等关键的发展结果有各种好处。Kwak 等人（2018）首次发现了主观年龄与大脑衰老之间的联系：认为自己比实足年龄小的老年人不仅额下回和颞上回的灰质体积增大（大脑功能更强），而且预测的大脑年龄也更年轻。同时，那些觉得自己比实足

表 1　不同年龄段的理想主观年龄限度

实足年龄	生活满意度最高时的 主观年龄	生活满意度最高时的 主观年龄偏差
40	17.8	−22.2
50	26.1	−23.9
60	34.4	−25.6
70	42.8	−27.2
80	51.1	−28.9
90	59.5	−30.5

注:（生活满意度最高时）主观年龄偏差 = 主观年龄 − 实足年龄。

年龄小的人更有可能在记忆测试中获得更高的分数，认为自己的健康状况更好。主观年龄也可以预测工作重塑行为（job crafting），越认为自己年轻的员工越有可能在工作中进行变革，且对工作的控制感和动机感也更强，从而能够提高工作绩效和工作满意度。

1. 什么因素会影响一个人的主观年龄？

人的主观年龄是不稳定的，是波动变化的。其实，个体的认知、健康及工作结果等既受到主观年龄的影响，同样也会影响主观年龄。研究发现，他人对自己能力的反馈如果是正向的，这会使老年人感觉更年轻；如果反馈是负面的，则会使老年人感觉更老。当人们经常面临健康问题时，他们会感到自己明显变老，且对自己健康的满意度也会影响主观年龄，越不满意主观年龄越大。

Goecke 和 Kunze（2020）进一步研究发现，个体的经历或体验会影响主观年龄。比如，工作环境中的许多环境因素会影响主观年龄，日常负面的工作事件以及较高的工作压力会导致负面情绪，并导致较大的主观年龄感知，而日常积极的工作事件会使人感知的主观年龄更小。

2. 既然更小的主观年龄有积极的影响，那怎样能让自己主观上感觉更年轻呢？

相对于不可避免地增长的实足年龄，主观年龄不是由时间决定的。这给社会提供了改变人们主观年龄的可能性，从而使个人和集体获益。

健康的生活习惯和保持积极乐观的心态可以使人体验更年轻的主观年龄。锻炼非常有效，体育活动可能对主观年龄较大的人特别有益，因为它可以促进个人在身体、认知和精神上的健康。冥想练习能给人带来更大的主观幸福感（生活满意度、心理和身体健康），并能在一定程度上减缓衰老。内心拥有清晰的目标和追求，感觉干劲十足、生活有意义，也能降低个体的主观年龄。

在工作场所，可以引入积极的工作事件。例如，组织定期的积极事件，如简短的社交活动（咖啡休息时间等）。此外，避免过度的工作压力可防止员工感到较大的主观年龄。在日常生活中，应避免负面工作事件，如受到不尊重的对待、接收到负面反馈或经历与工作相关的冲突等，以防主观年龄增大导致的负面健康和绩效后果。

3. 结语

其实，身份证上的年龄或许只是一个数字，而你的主观年龄对衰老有着重要的作用。当你对生活和工作满意，感觉自己健康、幸福时，你可能会觉得自己很年轻。这是一个良性循环，心理、生理和环境因素都能使主观年龄变小。这些发现可以让我们了解自身是如何经历、体验时间的流逝的。

所以，无论我们的实足年龄有多大，我们都可以使自己的生活更美好。

村上春树在《挪威的森林》中这样写道："我总以为十八岁之后是十九岁，十九岁后是十八岁，二十岁永远不会到来。"这句话看似毫无道理，但却成为一种坚持的力量。村上春树一生都坚持跑马拉松和写小说。他每天4点左右起床，每天写4000字。他这样看待跑马拉松："成绩也好，名次也好，外观也好，别人如何评论也好，都不过是次要的问题。对于我这样的跑者，最重要的是用双脚实实在在地跑过一个个终点，让自己无怨无悔。应当尽力的我都尽了，应当忍耐的我都忍耐了。"

是啊，有些人活着永远年轻，就算是老了也老当益壮；而有些人在本该充满梦想和斗志的年纪却未老先衰，早早丧失了乘风破浪、一往无前的勇气。而这一切的背后，都跟对自己年龄的主观认知有关。

参考文献

Allen, T. D., Henderson, T. G., Mancini, V. S., & French, K. A.. (2017). Mindfulness and meditation practice as moderators of the relationship between age and subjective well-being among working adults. *Mindfulness*, 8 (4), 1055-1063. https://doi.org/10.1007/s12671-017-0681-6.

Ambrosi-Randić, N., Nekić, M., & Tucak Junaković, I.. (2018). Felt age, desired, and expected lifetime in the context of health, well-being, and successful aging. *The International Journal of Aging and Human Development*, 87 (1), 33-51. https://doi.org/10.1177/0091415017720888.

Blöchl, M., Nestler, S., & Weiss, D.. (2021). A limit of the subjective age bias : feeling younger to a certain degree, but no more, is beneficial for life satisfaction. *Psychology and Aging*, 36 (3), 360-372. https://doi.org/10.1037/pag0000578.

Eibach, R. P., Mock, S. E., & Courtney, E. A.. (2010). Having a " senior moment" : induced aging phenomenology, subjective age, and susceptibility to ageist stereotypes. *Journal of Experimental Social Psychology*, 46, 643-649.

Galambos, N. L., Turner, P. K., & Tilton-Weaver, L. C.. (2005). Chronological and subjective age in emerging adulthood : the crossover effect. *Journal of Adolescent Research*, 20 (5), 538-556. https://doi.org/10.1177/0743558405274876.

Goecke, T., & Kunze, F.. (2020). " How old do you feel today at work? " : work-related drivers of subjective age in the workplace. *European Journal of Work and Organizational Psychology*. https://doi.org/10.1080/135943 2X.2020.1724098.

Stephan, Y., Sutin, A. R., Bayard, S., & Terracciano, A.. (2017). Subjective age and sleep in middle-aged and older adults. *Psychology and Health*, 32 (9), 1140-1151. https://doi.org/10.1080/08870446.2017.1324971.

Stephan, Y., Sutin, A. R., & Terracciano, A.. (2018). Subjective age and mortality in three longitudinal samples. *Psychosomatic Medicine*, 80 (7), 659-664. https://doi.org/10.1097/PSY.0000000000000613.

Kornadt, A. E., Hess, T. M., Voss, P., & Rothermund, K.. (2018). Subjective age across the life span : a differentiated, longitudinal approach. *Journals of Gerontology : Psychological Sciences*, 73 (5), 767-777. https://doi.org/10.1093/geronb/gbw072 .

Kunze, F., Raes, A. M. L., & Bruch, H.. (2015). It matters how old you feel : antecedents and performance consequences of average relative subjective age in organizations. *Journal of Applied Psychology*, 100 (5), 1511-1526. https://doi.org/10.1037/a0038909.

Kwak, S., Kim, H., Chey, J., & Youm, Y.. (2018). Feeling how old I am：subjective age is associated with estimated brain age. *Frontiers in Aging Neuroscience*, 10. https://doi.org/10.3389/fnagi.2018.00168.

Nagy, N., Johnston, C. S., & Hirschi, A.. (2019). Do we act as old as we feel?：an examination of subjective age and job crafting behaviour of late career employees. *European Journal of Work and Organizational Psychology*, 28 (3), 373-383. https://doi.org/10.1080/1359432X.2019.1584183.

Shane, J., Hamm, J., & Heckhausen, J.. (2019). Subjective age at work：feeling younger or older than one's actual age predicts perceived control and motivation at work. *Work, Aging and Retirement*, 5 (4), 323-332. https://doi.org/10.1093/workar/waz013.

（陈佳言　段锦云）

03 不懂连续性成了很多问题的根源

"现在的工作我不满意，看来这份工作不适合我。"

"这件事太难，不会成功，还是别做了吧。"

"你的性格内向，所以不适合做领导。"

"我要等我成熟的时候再谈恋爱。"

"他不是好人，一定是个坏人。"

"竞争无非是你死我活。"

"她就是运气好。"

…………

这些话我们常常听到，一般我们也都觉得有一定的道理，或姑且听之，毕竟只是闲聊提及。然而，很多时候人们真会这么思考问题，并去行事，而这就成了问题的根源！

其中的关键在于我们理解事情的方式：我们常常以非黑即白、非此即彼、非对即错、非好即坏的方式来理解或思考问题，但其实这是一种本源性认知偏差，是一种元认知错误。

1. 真实世界是连续的

黑和白两极之间有无数个节点或等级。为了理解方便，比如，可能有 100 个等级，即不同度数的灰，也可能有 10 个等级（黑、0.9 黑、0.8 黑、0.7 黑……0.1 黑、白或黑、0.1 白……0.8 白、0.9 白、白）。对和错，好和坏，内向和外向，成熟和幼稚，完美和缺憾，满意和不满，甚至男和女，生和死……大体也是如此。而我们大多数人在大多数时候，只想到这个连续体的两端，而现实却是绝大部分的时候事物都处于连续体的中间的某个位置。

比如，说某人内向，这么说省事、简单、易于理解，但现实却是，小李是 0.6 分内向，小王是 0.4 分内向，老梁是 0.43 分内向，老张是 0.1 分内向……虽然我们都说他们内向，但显然他们的内向程度是不一样的。光说某人内向其实没有多少信息含量，因为基本上每个人都有内向的一面，只是程度不一样。这个程度会表现在频次、场合、年纪等方面。所以，内向的人不适合当领导，这当然不成立，因为每个人包括领导都有内向的一面，甚至很多领导本来就非常内向。不过这是另一个话题，我们今天不专门说它。

又比如，找到完美的人才结婚，这话听上去没有问题，甚至有点鸡汤之感，但现实却是，完美在现实中可能并不存在，人都处在"完美—缺陷"两极之间的某个位置（比如两极之间可能有 100 个节点）。如果非要这么绝对地想问题，可能就只会导致不婚了。

说某人好、某人坏，这很普遍，但现实却也是每个人都是既好又坏的。远眺时海和天都难以分辨，这世上又哪有绝对的好人或坏人呢。所以，从这个意义上讲，"好人""坏人"这两个词就不应该有，因为现实中没有对应的存在。无论如何，好人有坏的一面，坏人也有好的一面，好人会变成坏人，坏人也可变成好人，造就所谓好人和坏人的主要是环境。一个好的社会总能把绝大多数人变成好人。

再比如，我们习惯只看结果而对产生结果的过程置若罔闻。我们说张三成为首富那是运气好，李四很红是因为生得好看，王五当上大官是因为会钻营……而对其过程并不去了解，把本是连续的事件只截取最高点来看，忽视人们为此付出的努力和艰辛及其成长或形成过程，这必然会导致片面认识以及嫉妒或投机心理的产生。

成功和失败（成功和不成功）之间同样是连续的。例如自己追求女孩没成功，但在此过程中认识到了自己的局限和不足，认识到自己不是万能的。如果处理得当甚至能跟那女孩成为好朋友（因为正常情况下你追求对方，对方即便不喜欢你，也应该感激你），这也是一种中间态，这何尝不也是一种收获。这样想就不至于为情伤人或伤己了。

男和女、生和死之间也是连续的吗？是的！人及其他动物中都有跨性别属性者，例如同性繁殖的动物如自克隆蜥蜴，无性繁殖的动物如鲨鱼，而同性恋、双性恋这些同样都是生物界中的自然存在。即便生和死之间也存在着诸如植物人、器官移植再用、脑死亡、思想或脑电波存在等多种中间形态，难道能说只有生或死吗？

疾病的发生也是连续的。以癌症为例，我们正常人的身体内其实都有癌细胞，我们的免疫系统和包括癌细胞在内的"坏分子"每天都在斗争，以至形成一个动态平衡。等癌细胞等"坏分子"超过一定数量后，才说"得了癌症"。并且"（所得的）癌症"也是连续而有周期的，患者并非因此就被判了死刑。有些人70多岁得了癌症，然后跟癌症共存十多年直至去世，这很难说不是一种善终；而有些人得了本来是可控的癌症，但担心得不得了，然后病急乱投医，乱吃药，反倒是更早葬送了性命。

一样东西的所有权同样也不必是"非我即你""非此即彼"的，我们可以将其划分成不同的份额按比例持有，这不就是股份（股市）、股份制改造以及混合所有制的思想基础吗！它可真是一项伟大的发明，避免了很多利益纷争。类似地，支付宝是因为提供了承诺交易和真实交易之间的一个中间态（即储存信用）而让天下生意更好做。同样，"维持现状""搁置争议、共同开发"，也给双方提供了"非我即你"之外的一种中间态选项，从而避免了激烈冲突。

当年听易中天讲三国，讲到空城计时，他说司马懿可以派一小批部队先攻进去看看，或围困一段时间，若真是空城诸葛亮肯定被擒，司马懿又不是傻子。所以，空城计只是传说而非史实，毕竟进攻和退兵之间其实也有很多中间连续选项。

2. 认识到连续性的困难之处

认识到事物的连续性并不容易，它随着我们阅历的增加而形成，随着我们自我概念清晰性的提升而形成，随着我们认知复杂性的提高而提高。同时，这样的认识是社会的发展推动我们形成的。

除此之外，环境的影响不容忽视。我们所处的社会跳过了很多国家经历过的自然主义的叙事方式，过早进入评判主义社会。这让普通人错过了过程性学习机会，随之而来的是人人都习惯于评价他人，甚至是道德绑架，但对事物的本来属性和形成过程却没有弄清楚，这种评价显然是不客观、不公正甚至是幼稚的。比如，"好"和"坏"之间有无数节点或中间态，这就是事物的本来属性，而我们对此常常缺乏理解从而得出武断和极端的结论。

从这个意义上讲，存在更多中间态是一个社会进步的标志，对人而言则是成熟和智慧的标志。

事物是延绵的、连续的，不是只有好坏、起止、成败、峰谷；世界是灰色的，虽然我们更习惯黑和白，而认识到这些人生需要不断淬炼。人需要在各个事物的连续统一体中找到适合的节点或中间态，同个人一样，社会的发展也是一个不断找到更多中间态的过程，从而避免极端的冲击或冲撞。这是一种平衡，而平衡既是智慧，也是能力。

参考文献

Rai, A., Sharif, M. A., Chang, E. H., Milkman, K. L., & Duckworth, A. L.. (2022). A field experiment on subgoal framing to boost volunteering: the trade-off between goal granularity and flexibility. *Journal of Applied Psychology*. Advance online publication. http://dx.doi.org/10.1037/apl0001040.

（段锦云）

04 凡人亦英雄：人们为何做出利他行为？

2020 年 1 月 23 日武汉封城，突如其来的疫情开始搅动全国人民乃至全世界人民的心。

作为湖北人的我第一次没有回湖北老家陪父母过年，第一次除夕夜没有收到父母包的红包，第一次给自己做了年夜饭。大年初一，小区居委会工作人员登门，询问我是否缺什么，还给我留了他们的电话，让我需要帮忙时第一时间找他们，我心里觉得暖暖的。

封城之后，我每天醒来的第一件事就是查看疫情相关信息，关注新增人数、武汉确诊人数、医院床位、防护物资等，另外就是了解社会上对武汉的援助情况。

各省市的医疗支援队奋战在抗疫一线，他们都在冒着生命危险救治患者！

疫情之下，感人的故事不断涌出，而这些平凡人身上闪现的人性光辉，更让我深深地感动，同时也引起了我的好奇：人们为什么会伸出援助之手？为什么会做出利他行为？

利他（altruistic）行为是个体做出的对别人有好处，而没有明显自利动机的自觉自愿的行为。对于人们为什么做出利他行为，学界从未停止过研究。

1. 共情

共情（empathic），指个体设身处地地感受他人当前情绪的一种倾向。在共情状态下个体能感受到对方的情绪和所受的痛苦。心理学家 C. Daniel Batson 提出，共情和个体的利他行为有关。

一项研究选取了 48 名女性被试，将其分成 2 组。被试在参与实验之前，服用一种叫 Millentana 的药丸。一组被试被告知这种药物会让人感到温暖和敏感，另一组被试被告知这种药物会让人感到紧张和不舒服。但其实该药物是玉米粉制成的，两种说法都是研究者编造的。被试在服用完药物之后，接着观看一段录像，录像中的女性在未完成任务的情况下会遭受电击。在这个过程中，录像中的女性出现了强烈的身体不适，并勾起了很多不愉快的童年回忆。研究者在这个时候停止了实验，并询问在场的被试是否愿意替代录像中的女性完成接下来的任务，不然录像中的女性将继续执行任务。研究者收集了所有被试的回复。

结果发现，在那些相信自己服下的药物会让人感到温暖和敏感的人当中，有 83% 的人选择代替陌生人接受电击；而在那些相信药物会让自己感到紧张和不舒服的人当中，只有 33% 的人选择这么做。温暖和敏感的感觉提高了个体的共情水平，个体更能感受录像中的女性的身体痛苦和不愉快的回忆，引发个体自身的难过。这时候个体更可能会伸出援助之手，帮助录像中的女性减轻痛苦，而自身的难过情绪也会得到缓解。这就是大家熟知的"安慰剂效应"。

2. 社会责任感

社会责任感，指个体对社会责任规范的认可以及付出行动的意愿。当个体认可社会所提倡的助人为乐的道德义务，在碰到他人受到伤害或遇到困难时，个体就会伸出援助之手，并且把这当作自己的义务。Bierhoff 等人（1991）指出，社会责任感是影响利他行为的重要因素。

一项研究选取了 34 名（26 名男性，8 名女性）交通事故急救人员，与此同时选取了一组控制组（其人格特征和急救人员相似，目睹过交通事故但未进行帮助），要求他们分别填写控制点（locus of control）量表、共情量表、公平信念（belief in a just world）量表、社会责任感量表等相关量表，然后分别给出三个场景（两车相撞、自行撞在路中央、卡车撞上了障碍物），询问他们是否遇到过这样的经历，是否伸出过援助之手。

结果发现，急救人员与没有伸出援助之手的人相比，其社会责任感量表、控制点量表、公平信念量表的得分都较高，表现出了一致性。研究者解释，社会责任感强的人，有相信世界是公平的信念，认为事故中的伤者应该得到帮助，同时认为自己有义务伸出援助之手，并且能够控制事件和影响事件的发展。为此，社会责任感较强的个体较多地对求助者伸出了援助之手。

3. 恐惧面孔的识别力

Marsh 等人（2007a，2007b）提出，对恐惧面孔的识别（fear recognition）会影响到个体是否会伸出援助之手。

一项研究选取了 28 名（19 名女性，9 名男性）被试。被试首先听一段广播，广播的主要内容为一名叫 Katie 的女大学生其父母在车祸中都去世了，家中还有弟弟妹妹需要照顾，且没有正常的经济收入。Katie 面临着辍学打工赚钱来照顾弟弟妹妹的抉择。

广播结束之后研究者要求被试进行面部表情识别测试，共有 24 幅图片，包含生气、恐惧、快乐、难过等情绪，再询问被试是否愿意捐钱或者花时间帮助 Katie。研究者把收集到的表情识别度和捐助情况进行对比，发现：最慷慨的捐助者识别恐惧表情的能力高于平均水平，捐助时间和金钱较少的捐助者识别恐惧表情的能力则低于平均水平。

研究者解释道，识别恐惧表情能力高的人，能较快感受到对方正处于害怕受伤的状态，也就能相应地产生共情，从而更可能伸出援助之手。

除此之外，Marsh 等人还针对面部恐惧表情探寻了其生理基础：通过对"冷血精神病患"和器官捐赠者（利他主义者）的脑部进行扫描对比，发现器官捐赠者的杏仁核比"冷血精神病患"的大，在识别恐惧面部表情的时候器官捐赠者也比"冷血精神病患"更为活跃。这或许可以解释，"冷血精神病患"对恐惧面孔的识别能力非常弱，经常感受不到对方的悲伤。

此外，求助者的紧急程度、痛苦程度的呈现方式也会影响到他人的利他行为。信息时代的效能在这次疫情中得到了充分的体现：文字或视频传播更加方便，人们通过文字或视频更容易感同身受地体会到病患的痛苦和医护人员的辛苦，从而更愿意伸出援助之手。

参考文献

马什．（2019）．人性中的善与恶．北京：中信出版社．

Batson, C.D., Bolen, M.H., Cross, J.A, et al.. （1986）. Where is the altruism in the altruistic personality?. *Journal of Personality and Social Psychology*, 50

（1），212-220.

Batson, C. D., Duncan, B. D., Ackerman, P., et al.. （1981）. Is empathic emotion a source of altruistic motivation ?. *Journal of Personality and Social Psychology*, 40 （2）, 290-302.

Bierhoff, H.W., Klein, R., & Kramp, P.. （1991）. Evidence for the altruistic personality from data on accident research. *Journal of Personality*, 59 （2）, 264-280.

Marsh, A. A., & Ambady, N.. （2007a）.Accurate identification of fear facial expressions predicts prosocial behavior. *Emotion*, 7 （2）, 239-251.

Marsh, A. A., & Ambady, N..（2007b）. The influence of the fear facial expression on prosocial responding. *Cognition & Emotion*, 21 （2）, 225-247.

（汪亚丹）

05 放手的智慧：放弃也是一种收获

想象一下：你和朋友一起乘飞机去旅行。你们一前一后登机，你发现你俩的座位分别是靠窗座与中间座，而中间座的舒适度相对较差。此时，走在你前面的朋友转过头来让你先选座位。此时，你是选择靠窗的座位，还是把靠窗的座位让给你朋友呢？

Kardas 等人（2018）的研究发现，人们更可能自己放弃靠窗的位置，而把它让给朋友。

人们在分配资源时，经常在表达慷慨、放弃更好的资源（如放弃靠窗座位）和表达自私但保留更好的资源（占据靠窗座位）之间权衡。可能大多数人都是凭当时的心境纠结于怎样二选一。但是，有没有一种方法从一开始就能规避这种两难的选择呢？

来看看人们一般如何应对主动的慷慨行为（generous actions）和自私行为（selfish actions）？

研究证实，人们对慷慨的人会形成积极的评价，对自私的人会形成消极的评价，而这些评价反过来又塑造了人们对待他人的行为。

人们在互动中会使用互惠策略（reciprocal strategies）。人们在某种程度上依赖互惠策略来做出未来的行为，这种互惠策略包括直接互惠（direct reciprocity）和间接互惠（indirect reciprocity）。也就是：当别人帮助了自己（慷慨行为），人们也会直接或间接地帮助这个人（积极互惠）；而当别人伤害到了自己（自私行为），人们会选择惩罚对方（消极互惠）。当然，个体会分辨对方的行为，判断其动机是慷慨的还是暗含自私的。因此，当别人放弃选择时，人们对资源的分配取决于他将对方的行为视为慷慨的还是自私的。

什么时候放弃选择权被视为自私或慷慨的呢？

当资源本身的价值模糊不清时，以及当人们在众多选项中选择时，放弃选择权就像任何其他形式的"对困难任务不提供帮助"。此时，放弃选择权会被视为一种自私行为。而当选择的价值清晰以及选项数量相对较少时，此时选项本身的优势和劣势双方都心知肚明，放弃选择权需要放弃者放弃自身利益。此时，放弃选择权便被视为一种慷慨的行为。

需要注意的是，并不是对方放弃选择权本身导致了接受者回以慷慨，而是个体感知到对方的行为是表达慷慨，在这种情况下个体才会相应地回以慷慨行为——将较好的选择留给对方。反之，虽然对方放弃选择权，但个体认为对方是带有一定目的的，个体便会将其行为认定为自私行为，从而以相对应的自私行为回应——将较好的选择留给自己。就像心理学家 Albert Ellis 提出的情绪 ABC 理论，并不是事件本身引发了情绪和行为后果，而是个体对事件的认知和评价引起的。

分配资源涉及施助者的不同利益，其中有两个利益通常是相反的：第一个是声誉。施助者的慷慨行为，比如给予他人时间、金钱和礼物。这种情况下，施助者通常不会立即得到有形的回报，但这种慷慨会带来声誉上的好处，使人们更喜欢施助者，并希望与他建立良好的关系。第二个是物质利益：慷慨行为的接受者受益，因为他们得到实际有形的回报。当分配资源时，人们至少拥有两个（看似）矛盾的愿望：第一个是在他人眼中树立声誉，第二个是为自己获得资源。当他们付出时，他们获得声誉；而当他们获得时，他们便获得了资源。因此，同时拥有似乎成了一个"鱼和熊掌不可兼得"的难题。

该研究表明，放弃选择权可能是解决这一难题的一种方法：放弃选择权，将其交给对方，对方通常会给自己更好的资源作为回应。因此，与给予或接受不同，放弃有时常常会使个体得到声誉和物质上的回报。放弃选择权，可能会让声誉奖励机制和物质奖励机制同时发挥作用。

文章开头的场景就是使用了放弃选择这一策略，当事人从一开始就规避了权衡。

在生活中，人们经常在自己和他人之间分配资源，如金钱、食物和休闲机会等。在个体放弃选择后，他人表现得更慷慨。分配资源的个体认为对方放弃选择权是一种慷慨行为，并会以同样慷慨的行为甚至更加慷慨来回应对方。这样看来，放弃者不仅被认为是慷慨的，而且他们往往也会得到更好的资源。

回想生活中类似的场景，好像确实如此。比如，在餐厅的桌前选择坐沙发还是坐椅子；或是和朋友一起分享大小各异的两支棒棒糖；又或是分配两张价值不同的礼品卡。朋友将选择权交给你时，你是不是更倾向于将更好的留给对方？下次大家不妨一试，即遇到类似的情况可以将选择权交给对方，也许你还能收获一份"小确幸"。不过，还是要注意具体情境具体分析，毕竟并不是所

有方法都屡试不爽。更根本地，在价值观上树立与人为善的观念
才是长久的处世之道。

参考文献

Kardas, M., Shaw, A., & Caruso, E. M.. (2018). How to give away your cake and eat it too : relinquishing control prompts reciprocal generosity. *Journal of Personality and Social Psychology.* 115 (6), 1054-1074.

（陈佳言）

06　慷慨有良报

莎士比亚在《威尼斯商人》中塑造了两个迥然相异的富商形象——慷慨大度又乐于助人的安东尼奥，吝啬贪婪且自私冷酷的夏洛克。此般"慷慨"和"自私"间的角力，并不鲜见，亦不局限于艺术创作中。它还可以拓展至个人生活、群体文化、科学研究，甚至是其他物种的行为中。

不同研究对"自私"和"慷慨"的具体定义不尽相同：自私动机（selfish motivation）指个体不顾他人的福祉，只追求个人利益的满足；慷慨（generosity）或亲社会（prosociality）动机则与之相反，指个体的行为出于对他人福祉的关心并力求使他人获益。

1. 自私的基因

在自私和慷慨的抉择中，安东尼奥选择了慷慨，夏洛克选择了自私。这样的选择受到包括遗传和环境在内的多种因素的共同影响。此外，现有研究指出，"亲社会"的遗传性并不高，环境因素的影响可能更大。

从信息传播的角度出发，对比 20 世纪和 21 世纪的影视作品，如同样以女性为主人公的《我爱露西》和《杀死伊芙》，不难发现，许多原先备受争议的题材被关注，被呈现。类似地，对社交媒体、流行音乐乃至新闻报道来说，"伟光正"或"大团圆"不再是唯一选择，甚至它们会刻意追求略带"黑暗"的"现实"。这一方面可能源于社会接纳度和信息可获取性的提高，另一方面则可能出于"黑暗"本身的高刺激性。

就像美国大众传媒学者约翰·马丁所说，"报纸之所以对负面新闻感兴趣是因为这种新闻有一种缺憾，而有缺憾的东西才更有吸引力"。我们可以试想《百亿富豪再设慈善基金会》和《特大地震百亿富豪仅捐1万元》两则新闻哪一则更容易火。与上述变化相关的是自私概念的不断强化。当今社会，个人主义思潮盛行，"精致的利己主义者"被反复提及，"独善其身"成为许多人的行为准则……程度不同的"夏洛克"更为常见。由此来看，似乎"自私正当道"。

同时，利己在人类行为理论中始终占据着举足轻重的地位。根据许多生物学和社会科学领域的研究，我们能得出"自私应当道"的结论。如理性选择理论（rational choice theory）就认为，人们应当追求效用最大化。但对自私个体和亲社会个体而言，前者的效用源于自己的行为结果，后者的效用源于他人的行为结果。因此，长远来看，自私个体能通过优化个人的行为而生活得更好。换言之，从结果出发，以生活质量为指标，可以视自私为一种理性选择。

2. 慷慨应当道

然而，大量事实也表明亲社会行为并没有消失，且表现出很大的个体差异性。历史长河中一直有"夏洛克"，也一直有"安东尼奥"。那么，为什么仍有人坚持亲社会？

　　同样从结果出发，一篇研究综述指出，亲社会动机意味着更高水平的身心健康和社会关系，即亲社会也能提高生活质量。但对关注利己的理论而言，身心健康和社会关系是人类生活的相对次要的目标。具体而言，进化理论和经济学理论中的核心问题是个体能否成功繁衍后代并积累资源。更通俗地讲，"人们为何坚持亲社会"这一问题的关键可能在于，慷慨是否会带来更多的后代和更高的收入。Eriksson 等人（2020）在《个性与社会心理学》（*Journal of Personality and Social Psychology*）上发表的文章就针对这一问题进行了探讨。他们首先选用了四个大规模、有代表性且可用于评估核心变量的数据集：综合社会调查（the General Social Survey，GSS）、欧洲社会调查（the European Social Survey，ESS）、英国家庭纵向研究（the U.K. Household Longitudinal Study，UKHLS）和收入动态追踪研究（the Panel Study of Income Dynamics，PSID），分别进行了四项子研究。

　　GSS 和 ESS 分别提供了来自美国和 23 个欧洲国家的不同主体在同一时间点或时间段的数据，即截面数据。数据表明，相较于自私个体，亲社会个体生育数较多且收入较高，但亲社会与收入并未表现出完全的线性关系——中等程度的亲社会性与最高收入有关。凭借截面数据，我们不能确认变量间的因果关系。如电影《寄生虫》中的台词说道，"如果这些钱都是我的，我也会很善良"。可能是高收入和更多的孩子导致了亲社会。但同样也有可能是亲社会影响了个体的未来收入和生育数。为对因果关系做出合理推论，研究者进一步分析了 UKHLS 和 PSID 所提供的来自英国和美国的不同个体在不同时间点或时间段的数据，即面板数据。

研究发现，若个体在一个时间点报告更高水平的亲社会行为，那么在接下来的多年间，其会表现出更大的生育数和收入增幅，甚至最终他们会有最多的孩子和最高的收入（基于 PSID 数据）。

从慷慨为人到子孙满堂和家财万贯的机制是什么？凭该研究并不能得到答案，但研究者仍提出了合理的猜想。生育数方面，养育孩子伴随着包括时间和金钱在内的多种形式的自我牺牲，因此自私的人对养育孩子的兴趣可能更少。同时，自私个体的低质量人际关系使生育孩子的可能性降低。收入方面，之所以大多数数据表明亲社会个体的收入增幅最大，而适度慷慨的人收入最高（除 PSID 数据外），可能同样是因为人际关系——亲社会个体的高质量人际关系意味着他们拥有更多关于就业信息等关键资源。亲社会性也与工作中包括奖励和升职在内的许多获益有关。此外，亲社会性可能会影响职业生涯选择，极度慷慨的人会坚持从事低收入但利他的职业，如社会工作者、消防员和警察等。

3. 自私何以当道？

总的来说，自私者在身心健康、人际关系、生育数和收入这些重要生活成果上都表现出了劣势。就像《威尼斯商人》中，故事的最后，只有自私的夏洛克没能拥有一个满意的结局，丢了财产，又无人陪伴，唯有凄凉地度过余生。单就此点看，自私不能算作一种理性选择，其并不能优化个体自身的行为结果。所以可能并非是"自私应当道"，而是"慷慨应当道"。那么，问题至此演变为"为什么仍有人坚持自私"。

这在一定程度上可能是由于人们的固有信念，或者说是直觉。具体来说，是人们相信自私有良报。从诗句或俗语中便可见一斑：

《孟子·滕文公上》里有"为富不仁矣，为仁不富矣"，中国民间有俗语"好人不长寿，祸害遗千年"，西方同样也有"good guys finish last"的俗语……这些语句是否反映了人们的固有看法，以及更进一步地，直觉与实证研究的结果究竟有何异同？

就该问题，研究者展开了第五项子研究。研究者招募了400名美国被试，要求他们回答五个问题："平均来讲，哪一类人会有最多的孩子、最高的生理健康水平、最高的收入、最佳的人际关系和最高的心理健康水平"。问题有四个选项：亲社会、自私、位于亲社会和自私之间、类别间无差别。结果发现，大多数情况下，人们的直觉正确，即与实证研究结果相符，他们能意识到慷慨与人际关系、心理健康和生育数之间的正向关系。但人们的直觉同样会犯错，他们会相信自私意味着高收入和高水平的生理健康，相信自私可以优化部分行为结果。因此，有些人尽管"明知山有虎"，但出于对特定行为结果如收入的强烈渴求，仍"偏向虎山行"，于是最终选择了自私。从人们的部分固有观念出发，我们仍可视自私为一种理性选择。

Eriksson 等人（2020）所进行的西方文化背景下的研究使我们从经济学和进化学的角度进一步理解了自私和亲社会性。同时，它引发我们去思考"自私正当道"与"慷慨应当道"之间的矛盾：为何即使夏洛克在最后落得一无所有的悲惨境地，仍有许多人选择成为他，而不选择当安东尼奥；进而反思在不同文化中这样的矛盾是否普遍存在；进而探究各方应如何合作使社会向善发展；特别地，对科学研究而言，应思考如何让学术成果走向大众。倘若人们都相信慷慨有良报，那么即使自私的人仍出于自私的目的，他们仍可能表现得更为慷慨。

参考文献

Eriksson, K., Vartanova, I., Strimling, P., & Simpson, B.. (2020). Generosity pays : selfish people have fewer children and earn less money. *Journal of Personality and Social Psychology*, 118 (3), 532-544.

（朱悦　段锦云）

07 美德不仅能让你看起来有能力，
还能让你赢得尊重

道德，人类所求也。然而，道德不只是道德，它还能影响他人对个体其他方面的评价，包括能力和地位。

研究发现，人们在判断他人的能力时，很容易利用他人的道德信息，尽管常识认为这两方面是独立的。

传统上，学者将道德和能力视为社会认知（社会交往中对他人性格的基本推断）的两个基本维度，经常将其作为整体印象的反映。在评估他人时，大多数差异都是从这两个维度来解释的。

道德印象的形成涉及一个人如何对待他人，以及如何洞察一个人实施有社会价值的行为或禁止行为的意图。道德特征包括信任、诚实和善良等。

能力印象的形成与个人实现目标的能力有关，包括智力等。

道德有助于个人获得他人的认可和亲近，而能力则有助于个人展示技能或才能。

我们通过实验和研究对此进行了探索。

预实验：人们在评估一个人的能力时，是否相信自己会利用道德信息？

结果发现：82% 的参与者表示，道德信息与所有情景（医生、服务员和工程师等不同职业）下的工作能力判断无关。80% 的参与者还表示，了解了一个人在私生活中的行为不道德并不意味着该人的工作能力有问题。

这些结果表明，在大多数情况下，人们不相信不道德行为，特别是将一个领域（如私生活）的不道德行为用于对另一个领域（如工作场所）的能力进行诊断。

研究 1：考察当有机会时，人们是否会利用道德信息来推断能力。参与者在学习有关目标对象的道德信息之前和之后（时间 1 和时间 2）对三个目标对象（投资银行家、研究员、教师）的工作能力进行评价。

在时间 1，将三个目标对象描述为他们的专业能力中等。在时间 2，研究者提出了相同的目标，但增加了道德信息。在每个时间点，参与者都要对提示问题做出回答，"这个人将来会做什么样的工作？答案为从 0（一点都不好）到 10（尽可能好）的评分"。

结果如图 1 所示：

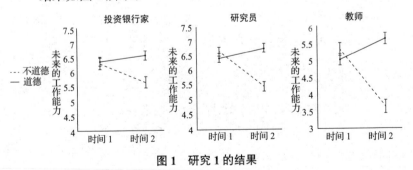

图 1　研究 1 的结果

道德信息影响了参与者对目标对象的预想能力和实际能力的

判断。

研究 2：测试研究 1 的效果是否可以推广至实际生活中。

研究 3：测试社会智力／自我控制，进一步检验道德影响能力判断的原因。社会智力包括妥协和公平，与人打交道，聪明，了解社会规则和规范，对经验和思想开放，观点采择，社会适应性、社会洞察力，成熟和受过教育，了解人，热情和关怀。通过观看信任游戏，参与者对先前参与者进行评分。

结果：相比自我控制和一般智力，社会智力与能力判断之间的关系更显著，且社会智力对能力判断的影响超过道德。这可能是因为，高社会智力的人被视为是马基雅维利主义的（高马基雅维利主义的人重视实效，善于操纵别人，并赚取更多的利益），高马基雅维利主义的人可能也隐含着高能力。

道德信息在社会认知中具有重要作用。道德信息对能力判断的影响似乎是下意识起作用的。高社会智力可以解释不道德行为对能力判断的负面影响。高社会智力的人往往被认为是高马基雅维利主义的，而这可以解释为什么在某些情况下，道德违背者对能力认知的影响很小或没有影响。例如，美国前总统比尔·克林顿的支持率在莫妮卡·莱温斯基丑闻公开后上升了，而不是下降。

1. 那道德又如何影响一个人的地位呢？

地位是个体在群体中的相对位置，或在一些突出方面和影响力方面的排名。关于如何获得地位，传统观点认为主要有两种途径：（1）支配途径：基于引起恐惧的胁迫，常常与权力有关。（2）能力途径：基于赢得尊重的业务能力，例如美国通用汽车的 CEO 玛丽·博拉。

近年有学者提出，美德是获得地位的第三条途径。

影响地位的三维（支配—能力—美德）模型如图 2 所示：

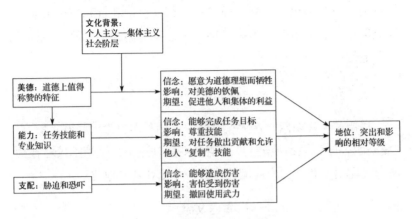

图 2 影响地位的三维模型

能力和权力能提高一个人的地位，这很好理解。美德是如何让人获得地位的呢？我们来看看 Bai Feng 教授团队（2017，2019）所做的一项研究。

程序：通过情景设计来操纵美德。招募兼职或全职的美国成年人为参与者，在经过他们同意后，他们被随机分配阅读关于名为"Mike"的虚构同事的三个场景之一，研究者通过改变三种道德行为的频率或强度来操纵 Mike 的道德水平。参与者阅读了随机分配的场景后，立即从"美德—钦佩"、"支配—恐惧"和"能力—尊重"维度评估 Mike，并表明他们对 Mike 地位的看法。然后，参与者报告了他们的道德认同、内疚感、同理心、诚实谦逊、尽责性等道德品格特征。

结果发现：美德条件下的参与者比控制条件下的参与者更欣

赏 Mike，即认可其高地位。美德条件和控制条件之间的支配—恐惧没有显著差异。这表明，在观察到美德行为后，人们会赋予美德行为者以高地位。此外，通过在美德、控制和自私三个层次上操纵美德，研究证明了美德有助于个体赢得高地位，而自私导致了低地位。

2. 结语

道德是个好东西，这无关宣教。诚如英国哲学大师罗素所言，"爱是明智的，恨是愚蠢的"。道德不只是道德，道德不仅能让你看起来聪明、有能力，还能让你赢得尊重和社会地位！

参考文献

Bai F. . (2017). Beyond dominance and competence : a moral virtue theory of status attainment. *Personality and Social Psychology Review*, 21 (3), 203-227.

Bai F., Ho G. C. C., & Yan J. . (2019). Does virtue lead to status? : testing the moral virtue theory of status attainment. *Journal of Personality and Social Psychology*, 118 (3), 501-531.

Willer, S.. (2018).Unethical and inept? : the influence of moral information on perceptions of competence. *Journal of Personality and Social Psychology*, 114, 2, 195-210.

（张城　段锦云）

08 "你是荒野中盛开的花"：写给出身寒门的你

2016 年 8 月 26 日，甘肃省康乐县阿姑山村不满 30 岁的女青年杨改兰，因为贫穷而亲手杀死自己的四个孩子，震惊全国……

即便中国的 GDP 总量已经居全球第二了，但中国仍然有不少贫穷人口，由于经济发展存在区域不均衡，相对贫穷者数量更多。尽管我国于 2021 年实现整体全面脱贫，但贫穷依然是一个绕不开的话题。

邵挺等（2017）的研究发现，父母一方为国家公务人员的大学毕业生，其第一份工作的收入要显著高于总体平均水平，影响程度比高考分数还要大，这说明"官二代"身份在就业市场上有很强的工资溢价能力。具有城镇户口的子女在就业市场上也有显著优势，平均工资要比农村户口子女高出 8.7%。

也许你也是一个从（中）西部省份考进大城市的大学生，或是从边远地区来城里工作的年轻人。你老家在农村地区条件尚可，或者本来还能维持温饱，但进了城一比，在高物价和高消费的环境下，你也变成了准贫穷一族。你又该如何调整自己，如何适应，如何安身立命？

1. 出身寒门的人容易产生的心理

出身寒门的人最常出现的心理是自卑，做事畏首畏尾。适度的自卑其实并没什么不好。阿德勒在其《自卑与超越》一书中提出自卑情结（inferiority complex）的概念，认为自卑是驱动人去追求、去奋斗的动力。然而，过分的自卑，以致社会适应不良，则是不好的，这会阻碍一个人的发展及各方面才能的正常发挥。

出身寒门的人还可能出现的一种心理是，容易以绝对的视角来看待周围世界。比如，可能会认为世界应该绝对公平，应该人人平等；比如，看到别人与老师或领导走得太近，去问老师问题或帮领导做一些周边小事，就觉得他们是在套近乎或拍马屁，看不惯；等等。

出身寒门者还常常伴随着"见识不够"的情况，这与家庭资源少有关。这种情况也促使他们用绝对视角看世界之心理的形成。家庭资源少，他们见到的世事、经历的社会性输入，都比城里或富裕人家的子女少。这还会导致其他不好的结果，比如视野不够开阔，外语以及中文水平欠缺，社交能力弱等。在大学校园里，我们常常看到，东部沿海地区或大城市来的孩子的外语水平明显比其他地方的好，他们通常也更加活跃、积极参加各种社团和活动。

当然，出身贫穷的人也会有不少正面特质。比如，通常会更加有毅力和耐心，对事情常常会默默地坚持做到底。所以，穷人家的孩子一旦上路，则有可能走得更远，而富人家的孩子可能一开始会走得更快。又比如，对糟糕的生活条件，以及来自学习/工作方面的压力，穷人家的孩子通常更有忍耐力。还有，穷人家的孩子通常更富有同理心和同情心，懂得谦让和为别人考虑。"穷人家的孩子早当家"，大体说的就是这个意思了。

2. 穷人和富人的心理差异：来自学术界的发现

2013 年，Anandi 等人发表在《科学》(*Science*)上的文章提出，长期的贫穷或劳累会引发认知资源稀缺，进而形成"稀缺头脑模式"，并导致失去决策所需的心力——"带宽"(bandwidth)。一个穷人，为了满足生活所需，不得不精打细算，因此没有足够的"带宽"来考虑（未来）发展和投资事宜；一个过度忙碌的人，为了赶截止日期，不得不被看上去最紧急的任务拖累，而没有"带宽"去安排更长远的发展。即便他们摆脱了这种认知稀缺状态，也会被这种"稀缺头脑模式"纠缠很久。这一研究结果一度在国内引起了很大反响。当然也有很多诸如"贫穷会使人变傻"等过度的解读和以之为噱头的报道，显然这曲解了研究的本意。

无独有偶，Julian 和 Julie（2016）通过对 4 000 多人长达 18 年的追踪研究证实，长期的贫穷会导致个体因教育质量和个人掌控感（personal mastery）的低下而限制日后成为领导者的可能性。也即，年少时的贫穷，会让其接受更差的教育，同时也让其长大后对生活和工作缺乏掌控认知，于是变得被动和听天由命，进而限制其成为领导者。因为，有效的领导常常意味着主动、积极，并富有真知灼见。

不过，富裕家庭出身的人也存在着对其领导效能产生负面影响的因素。Martin 等人（2016）的研究发现，在父母收入高的家庭长大的小孩，长大后更容易形成自恋（narcissism）的性格，这样的性格会导致长大后承担更少的任务、拥有更少的社会关系和产生变革导向的领导行为（同来自低收入家庭的领导者相比），从而削弱领导效能。

家庭社会阶层背景（social-class background）由教育、收入和职位而定。比如，在美国，通常母亲接受过大学或以上的教育，家庭年收入在 6 万美元以上（2016 年）可定位为中产阶级。Na 等人（2016）发现，工人阶级群体比中产阶级群体更容易受别人意见的影响，这是因为工人阶级群体更多具有一种互依性自我认知（interdependent self-construal），而中产阶级群体更多会形成独立性自我认知（independent self-construal）。这一发现可以解释从众和乌合之众之类的现象。我们因此也可以理解，为什么人云亦云和传染性的群体非理性行为，通常更容易在低社会阶层发生。

以下是一种更极端的情况。Greitemeyer 和 Sagioglou（2016）的研究发现，主观社会经济地位越低，人们越会认为自己处于劣势，这会削弱人的幸福感，并使人表现出攻击倾向和行为。相反，人的主观社会经济地位越高，则越有可能表现出自恋、外向性、尽责等特质，神经质也越少。主观社会经济地位是对自己目前地位的主观判断，它与受教育程度、经济状况和地位正相关，但由于是主观的，所以也有可能与客观情况不完全一致。但是，低社会阶层的群体通常更有同情心。以向别人提供救助为例，向别人提供救助时，大多数低社会阶层的人虽然资源有限，但帮助别人的意识却更强烈。

贫穷及通常与贫穷相伴的生活环境，比如高噪声、家庭混乱、环境污染、营养不良、暴力、虐待和父母失业等，都会影响人年轻时大脑连接的形成、互动和休整。

研究发现，长期贫困的儿童的海马回、前额叶和颞叶中的灰质较少。海马回与记忆有关；前额叶与决策、问题解决、冲动控制、判断、社会和感情行为有关；颞叶与语言、视听觉处理和自我意识有关；灰质是支持信息处理和执行行为的大脑组织。这些大脑区域共同作用，对人们遵守指令、控制注意力和整体学习能力至关重要。这一研究发现发表在 2015 年的《美国医学会儿科》（*JAMA Pediatrics*）上，它调查了 389 名 4 ～ 22 岁的儿童和青少年，1/4 的研究对象来自收入远低于联邦贫困线（四口之家在 2016 年的年收入达到 2.4 万美元）的家庭。来自最贫困家庭的儿童的灰质消失程度更大，在标准化测试中得分更低。

另一项重要研究也于 2015 年发表在《自然神经科学》（*Nature Neuroscience*）上，它调查了 1 099 名 3 ～ 20 岁的儿童和青少年。结果发现，父母收入较低的儿童与家庭年收入至少 15 万美元的儿童相比，大脑表面积要小。

另外一个有意思的现象是，在那些贪官中，小时候贫穷的人居多，起码在当前的中国如此。这是有历史原因的，那些身居高位的人，大多数年龄并不小，那一代人小时候基本都比较贫穷；不过，贪污的另一个可能原因是补偿心理，小时候长期的匮乏感令其念念不忘，机会来临时，这种补偿心理的冲动就突破（法律或道德）底线意识的束缚，个体进而做出冒险举动。另外，家族缺乏相关的做官知识和经验，也是其犯错（贪污）的可能原因。

这一点与 Bernile 等人（2017）的研究发现一致。该研究发现，童年遭受致命灾难却没有经历极端糟糕结果的 CEO，在管理风格和风险承担上更加具有侵略性；而童年遭受致命灾难且见证了极端负面后果的 CEO，则表现得更加保守。那些少时贫寒而长大后当官的人，类似于一个"童年遭受致命灾难却没有经历极端糟糕结果的 CEO"，因而他们更具有冒险性，从而可能做出大胆的贪腐行为。

与上述研究类似，一项有趣的研究发现，小时候贫穷的人长大后更会饮食过度，甚至饮食紊乱。这也是补偿心理所导致的。

总之，富人具有的"带宽"会让其有更多认知和物质资源，从而思考未来的事情。看看当今社会，上国际学校、出国、移民，通过捐款进入名校，或将来进入竞争更小的贵族行业，如艺术、体育、投资、娱乐领域等，这些都会让其更大概率获得成功。反之，穷人往往只看到既有的路径，不晓得世界上其实有更多的可能，加之金钱和社会资源等的缺乏，所以选择余地更小。而贫穷滋生的负面认知偏差，如极端化、低掌控感、消极和不进取等，又强化了这一结果。更可怕的是对儿童的影响，在婴儿／少年时期长期贫穷会影响个体的认知能力，这一点将来很难弥补。穷者恒穷，富者更富，阶层固化就此形成。若无所作为，阶层社会及其固化就会很容易变成现实。

3. 如何突破阶层界限

贫穷并不可耻，当然也无可骄傲；富有同样也不必骄傲，当然也并不可耻。不过，一辈子甘于贫穷并不是一种值得鼓励的态度。相反，那种少时贫穷，长大后努力进取，从而过上体面生活的人，更值得点赞！所谓中国梦，所谓英雄，我觉得应该属于这类人！"莫欺少年穷"，少时贫穷不可怕，更不是罪；可怕的是一辈子或世世代代贫穷，尤其是甘于贫穷。

在当今社会，必须承认，寒门子弟要突破出身的枷锁，过上

如城市中产阶层一般的生活，比以前更加困难了，因为整个社会
在逐渐走向一种稳态。

此外，以前的平等意识以及普遍贫穷的情况也在逐渐改变，
社会开始出现"折叠"，各个阶层以及各行各业的门槛变得越来
越高。

但即便如此，社会上升的阶梯仍永远存在。一个突破了出身
的无辜枷锁，认识并克服了这些负面心理的人，通常将来的事业
生命力更持久、更旺盛。这样的人，是我心中的英雄，是淤泥里
长出的莲子，是荒野中盛开的花！

参考文献

邵挺，王瑞民，王微．(2017)．中国社会流动性的测度和影响机制：基于高
　　校毕业生就业数据的实证研究．管理世界，2，24-29．

杨沈龙，郭永玉，胡小勇，舒首立，李静．(2016)．低阶层者的系统合理
　　化水平更高吗？：基于社会认知视角的考察．心理学报，48（11），1467-
　　1478．

Anandi, M., Mullainathan, S., Shafir, E., & Zhao. J.Y.. (2013). Poverty
　　impedes cognitive function. *Science*, 341（6149）.

Bernile, G., Bhagwat, V., & Rau, P.R.. (2017).What doesn't kill you
　　will only make you more risk-loving : early-life disasters and CEO Behavior.
　　Journal of Finance, 2.

Greitemeyer, T., & Sagioglou, C.. (2016). Subjective socioeconomic status
　　causes aggression : a test of the theory of social deprivation. *Journal of
　　Personality & Social Psychology*. 111（2）.

Julian, B., & Julie, G. W.. (2016). Persistent exposure to poverty during childhood
　　limits later leader emergence. *Journal of Applied Psychology*, 101（9）.

Martin, S.R., Côté, S., & Woodruff, T.. (2016).Echoes of our upbringing: how growing up wealthy or poor relates to narcissism, leader behavior, and leader effectiveness. *Academy of Management Journal*, 59（6）.

Na, J., McDonough, I.M., Chan, M.Y., & Park, D.C..（2016）. Social-class differences in consumer choices : working-class individuals are more sensitive to choices of others than middle-class individuals. *Personality and Social Psychology Bulletin*, 42（4）.

（段锦云）

09 你的朋友越多，人们越不愿和你交朋友

"你好，我叫……请多指教！"一段友情往往就是从这句话开始的，从此之后你与这个人的关系就以"朋友"相称。"一个篱笆三个桩，一个好汉三个帮"，朋友是身边的那份充实，可你是否还记得第一次将你的视线吸引过去的那个朋友是谁。

我们似乎总是有种共识："朋友越多，一个人就越有魅力。"小到一个班级，大到一个组织，其中总会存在那样一个人——在大家还唯唯诺诺、眼神迷离的时候，"他"已然成了中心。他似乎总是那么有魅力，能让大家不自觉地簇拥过来，乃至你也想在他拥挤的空间里有"一席之地"。但是，事实真是如此吗？

1. 朋友数悖论

Si 等人（2020）提出了朋友数悖论（the friend number paradox）的概念，它颠覆了我们一贯的认知。所谓朋友数悖论是指，人们对社交中可能得到的朋友的偏好和他们对他人偏好的预测之间的不匹配。具体来说，就像我们刚才提到的，一个人如果有相对较多的朋友，其他人会被他吸引，然而，我们个人更喜欢和朋友数量相对较少的人交朋友。

当一件事挑战了我们固有的认知，我们难免会出现认知失调。因此，你一定会对此提出质疑。那么不妨让我们来看一下 Si 等人是基于什么理论而得出这种观点的。

社会交换理论

社会交换（social exchange）指在一段关系中，当事人双方可以采取多种形式相互履行义务，包括物质交换、社会情感支持和建立人际关系等。但是履行这些义务需要调用人们有限的资源（如金钱、时间和注意力等），所以维持友谊可能是一种社会责任。一个人的朋友越多，责任就越大。比如，一个人拥有的朋友越多，他在建立和维持一个高质量的朋友关系上所投入的资源就越少。因此，从这个方面来讲，我们应该更愿意与朋友数量相对较少的人建立关系（Eastwick et al.，2007）。

自我中心偏见

Si 等人在前人研究的基础上发现，人们在预测自己的社会吸引力，以及对他人的偏好时有两个截然相反的假设。具体而言，人们希望拥有更多的朋友来提升自己的社会吸引力（Deri et al.，2017）。但是，在与他人建立友谊的过程中，人们却更喜欢那些朋友数量较少的人（Hansen et al.，2001）。这种现象的产生可能部分源于人们对他人的判断中普遍存在的自我中心偏见（Critcher & Dunning，2009）。也就是说，人们经常根据自己的知识来推断他人的态度和价值观。同样，他们也会根据自己的自我评价来推断别人有多喜欢自己。

根据以上两个理论，研究者推测了朋友数悖论现象的存在，并通过设计严谨的实证研究来验证了他们的假设。

2. 朋友数悖论存在的证据

为了增强朋友数悖论的内外部效度，Si 等人进行了线上问卷调查、现场实验等多项研究。

线上问卷调查

研究者邀请 200 位参与者进行在线问卷调查，同时提供一份与关系质量或个性特征相关的问卷清单，包括交友质量、投入度、受欢迎、善交际程度、网络资源，要求参与者对这些属性影响自身判断的程度进行评级，并告知参与者在 Facebook 上每个人平均有 200 个好友。

预测组 1：想象一下，当你的 Facebook 好友数量 $\geq$ 190 时，别人和你交朋友的可能程度？

预测组 2：想象一下，当你的 Facebook 好友数量 $\leq$ 60 时，别人和你交朋友的可能程度？

偏好组 1：想象一下，当他的 Facebook 好友数量 $\geq$ 190 时，你和他交朋友的可能程度？

偏好组 2：想象一下，当他的 Facebook 好友数量 $\leq$ 60 时，你和他交朋友的可能程度？

研究结果表明，预测组的参与者认为，当自己朋友数量较多时，别人更可能和自己交朋友。但是，偏好组的参与者则表明，自己更愿意与好友数量少的人交朋友。而且，相较于预测组，交友质量、投入度对偏好组的选择影响更大。具体而言，当个体作为一段关系的发起人时，他们更关心的是关系质量，但当他们预测其他人的交友偏好时，他们更有可能根据自己的个人偏见做出预测。这证实了朋友数悖论。

现场实验

正如刚才我们提到的，自我中心偏见是产生朋友数悖论的重要因素。因此，在现场实验中，研究者对此进行了操纵，邀请205位参与者进行调查，并将他们随机分配至预测组、偏好组、有提醒的预测组。

预测组：当你的好友数量为多少时，别人更有可能和你交朋友？

A. 200　　　　　　B. 50

偏好组：当他的好友数量为多少时，你更有可能和他做朋友？

A. 200　　　　　　B. 50

有提醒的预测组将会收到"做别人的好朋友需要做些什么"的问题，还要填写表格并回答3～5个问题：当他____时，他希望我____（例如，当他和某人关系破裂时，他希望我能聆听他的想法）。然后对"当自己有200个或50个朋友时，别人更有可能与自己交朋友。"进行预测。

结果显示，在预测组中，有68%的人选200，参与者认为当自己朋友数量较多时，别人更可能和自己交朋友。在偏好组中，有79%的人选50，参与者认为自己更愿意与朋友数量少的人交朋友。在有提醒的预测组中，有43%的人选200，只有部分参与者认为当自己朋友数量较多时，别人更可能和自己交朋友。这表明，当提醒参与者自己作为朋友的义务时，能够让参与者意识到自己的自我中心偏见，从而减少自己的预测与他人的实际偏好之间的差异。

此外，为了进一步提高研究的可靠性，研究者还在校园中进行了一次现场实验。研究者邀请了 272 名大学生在线参与校园中举行的线下速配交友活动，并告知参与者将在本次活动中与其他人进行互动——决定是否交换信息，以及成为长期朋友。研究者自行设置了 4 份交友简历，随机分配其中的一份给参与者，同时要求参与者在正式实验开始之前，根据宽泛或具体的定义评估自己的朋友数量，并对"我希望自己有大量的朋友"的同意程度进行评分。参与者将被随机分配至下面 4 组之一，具体如下：

预测组 1：参与者的个人简历为"有相当多的朋友"，其他三人朋友较少。

预测组 2：参与者的个人简历为"只有一小部分朋友"，其他三人朋友较多。

研究者要求参与者对自己和其他三人的吸引力进行评分。

偏好组 1：操纵参与者右手边的成员为"有相当多朋友"，另外两人的朋友数量较少。

偏好组 2：操纵参与者右手边的成员为"只有一小部分朋友"，另外两人的朋友数量较多。

研究者要求参与者对其他三人成为朋友的可能性进行等级评分。

结果，参与者普遍称，希望自己的个人简历能够登记更多的朋友数量。当随机收到朋友数量较少的个人简历时，参与者不愿展示个人简历，可能认为这会削弱自己的吸引力。这依然证实了朋友数悖论现象的存在。

3. 如何看待朋友数悖论

Si 等人用强有力的证据证实了朋友数悖论现象的存在，但这是否说明我们应该避免与那种"花团锦簇"的人来往呢？事实上，在生活中，你总能见到许多朋友数悖论的反例。例如，我们都知道"渣男""渣女"并不会在友情或者感情上投入太多，那为什么"投奔"他们的人还是趋之若鹜呢？对此，也有研究者做出了解释：在人际关系中，社会交换以外的动机有时也会发挥作用，并可能抵消当前的影响（Parkhurst & Hopmeyer，1998）。比如，一个人的个性特征（例如，外表吸引力）可以提升一个人的受欢迎程度。

朋友数悖论提醒我们该如何形成理想的友谊。自我美化可能是人们的天性，我们总是努力地套上"我有很多朋友"的锦衣。殊不知，这样可能会一点一点地将我们真正的朋友越推越远。朋友数悖论告诉我们的或许就是，朋友在质不在量，并不是自己的朋友越多自己就越能吸引别人前来结交，因为每个人需要的都不再是浮于表面的点头之交，而是真诚的挚友。

参考文献

Critcher, C. R., & Dunning, D.. (2009). Egocentric pattern projection : how implicit personality theories recapitulate the geography of the self. *Journal of Personality and Social Psychology*, 97, 1-16.

Deri, S., Davidai, S., & Gilovich, T.. (2017). Home alone : why people believe others' social lives are richer than their own. *Journal of Personality and Social Psychology*, 113, 858-877.

Eastwick, P. W., Finkel, E. J., Mochon, D., & Ariely, D.. (2007). Selective versus unselective romantic desire : not all reciprocity is created equal. *Psychological Science*, 18, 317-319.

Hansen, M. T., Podolny, J. M., & Pfeffer, J.. (2001). So many ties, so little time : a task contingency perspective on corporate social capital in organizations. In S. Gabbay & R. Leenders (Ed.) *Social capital of organizations* (pp. 21-57). Bingley, England: Emerald Group Publishing Limited.

Parkhurst, J. T., & Hopmeyer, A.. (1998). Sociometric popularity and peer-perceived popularity : two distinct dimensions of peer status. *The Journal of Early Adolescence*, 18, 125-144.

Si, K., Dai, X., & Wyer, R. S., Jr.. (2020). The Friend Number Paradox. *Journal of Personality and Social Psychology*. Advance online publication.

（杨　静　王梦琳）

10 去创造，而不是去竞争

这样的场景我们都熟悉：

> "妈，出考试成绩了，我这次考得不错，考了 90 分呢。"
> "那你们班王明多少分？"
> "他考了 94 分。"
> "那你考得还是不理想，进屋看书去。"

"别人家的孩子""参加了 × × 教培"，无论是在学校、办公室还是在其他地方，我们经常会被拿来与周围人做比较。

1. 在社会生活中追求个人目标

在工作和生活中，人们经常会给自己设定目标并为之努力。这些目标有时候完全是个人化的，如在学校考到 100 分或在 4 个小时内跑完马拉松。人们在追求目标的过程中经常不是一个人，例如，学习一门语言，会和很多学这门语言的人一起上课；又如减肥，人们可能会加入一个活动，和许多致力于减肥的人一起努力。

事实上，有其他人相伴可以对自己的努力和表现产生有利的影响。人们有时候会依赖他人帮助自己实现目标，无论是出于工具性还是非工具性的目的。在追求目标的过程中缺乏进展时人们会寻求帮助；获得社会支持也可使人们变得更健康，压力感减轻，并起到激励效果。

但与人同行有时也会带来负面影响。正是因为目标相同，他人的进展容易成为比较的对象，因而社会比较已成为获取自我评价的重要途径。

2. 追求个人目标转变为与他人比较

研究发现，当人们刚开始为某个目标而努力时，他们对自己是否能够实现以及如何实现目标有很大的不确定性。正是由于这种不确定性，人们会寻求他人的支持并做出相应的回报。因此，在追求目标的早期阶段，尽管会发生社会比较，人们仍会使用他人的正面榜样来激励自己并帮助自己学习。

随着人们越来越接近个人目标，不确定性逐渐降低，人们对社会支持的需求也逐渐减少，并且关注的重点从个人进步转移到超越他人。此时，竞争开始出现。

1990 年代，心理学家尼科尔斯和德韦克提出了成就目标理论（achievement goal theory）。根据该理论，判断成功的标准包括三种：任务标准、自我标准和他人标准。前两种重视自身技能的掌握和完成任务；而他人标准则看重和他人的比较，认为赢了对手才算成功。此时，随着人们将重点放在超越他人上，人际上的友好程度就会降低，人们会表现出焦虑，以及采用自我防御来维护自尊。

人们进行社会比较的维度包括外表吸引力、智力、学术能力等诸多方面。总体上，下行比较会提升自我评价与自我满意度，而上行比较则会对个体的自我概念产生威胁、降低个体的自尊，并导致消极的自我评价。根据社会比较理论（social comparison theory），人们总有一种"希望自己比别人好"的向上驱动力，而且有着"希望自己比大多数人好"的独特性追求。

3. 社会比较的消极影响

第一，社会比较带来竞争。竞争与追求个人目标不同：追求个人目标是减少当前位置与理想位置之间的差距，而竞争则关注人们与他人的相对地位，即个体通过努力以最大限度地拉开自己与对手的距离。为了获得这种相对位置优势，人们面临两种选择：加强自身的努力或设法阻碍他人。事实上，人们很多时候采取后一种行动方式。有研究发现，人们在感到受到威胁或处于不利地位时会采取不道德的行为来保持自己的领先。

第二，社会比较影响幸福感。作为获取自我评价的重要途径，社会比较广泛存在于人们的日常生活和工作情境中。如今，人们越来越多地通过微信朋友圈、微博等社交平台发布个人的生活状态并和他人产生互动，在此过程中会产生频繁的社会比较。因此，在当代社会人们有一种普遍心态，即"别人都比自己过得更好"。于是，为了让自己看起来不那么差，每个人都竭尽全力在朋友圈里展示那个精心包装过的状态最好的自己。但是自己真的更幸福了吗？其实不然，这或许反而加剧了自身的孤独：为了给别人看而去玩，也会偏离最初的目的。

事实上，可能并不存在"别人都比自己过得更好"的情况，人们所看到的只是对方生活的冰山一角。拿自己生活中的平凡和低谷与他人展示给公众的多彩人生相比，显然是不公平的。正如那句话所说，"比较是偷走快乐的贼"（comparison is the thief of joy）。

4. 结语

竞争并不一定是"别人得到什么而我一定失去什么"的零和博弈。改变认知，整合自身资源，把精力放在创造上，"去创造，而不是去竞争"（to be a creator，not a competitor）。找到自身的目标和定位，找到自己所在意和热爱的领域，就可以在追求目标的过程中减少比较，保持清醒并孤勇突破。诚如杨绛之言，"世界是自己的，与他人毫无关系"。

参考文献

Huang, S. C., Etkin, J., & Jin, L.. (2017). How winning changes motivation in multiphase competitions. *Journal of Personality and Social Psychology*, 112 (6), 813-837.

Huang, S. C., Stephanie, C. Lin., & Zhang, Y.. (2019). When individual goal pursuit turns competitive : how we sabotage and coast. *Journal of Personality and Social Psychology*, 117 (3), 605-620.

（钱　程）

11　如何提升幸福感：幸福的十个原理

如何提升幸福感？这是我们毕生都在思索并追寻的问题。答案很多，说法也非常不统一，恰如对幸福的多元化定义一样。对于如何才能过得幸福这一问题，答案纷繁多样。在此，我仅列举比较有说服力的十个原理，供大家参考。

1. 选择有利的、情感不易适应的事项

人对任何物品都会经历从逐渐适应到变得乏味这一过程。正如饥饿时吃一个包子无比开心，吃到六七个的时候，便会觉得索然无味。奚恺元提出，情感适应是指无论某种刺激给我们带来的是正向还是负向的情感反应，随着时间的推移，或者随着所经历的同样刺激的增多，我们所体验的情感反应总是逐渐弱化，并且趋于原有的情感水平。

人们对不同事项的适应时间是不一样的：对于有些事项需要一个较长的时间适应，这些事项对我们的影响会比较持久；而对于另一些事项则会很快适应，因而失去对其的兴奋感。所以，从事有利的、情感不易适应的事项，如艺术创作欣赏、自主科学探索、与亲人相处等，我们才能获得持久的幸福。相应地，如果你

从事的职业恰好是自己喜欢的，你的人生也会很幸福。相反，那些情感不易适应的、不利的事项，如变化多端的噪声、间歇性疼痛、丧偶等，则会显著地削弱我们的幸福感。若能把这些事项转化为情感易适应的，如把变化多端的噪声变成恒定的旋律，把不易合理化的失败合理化并找到其客观原因等，此时它们对幸福的负面影响会减小。

有些事物，如华贵的服饰、豪华的汽车、高档的家具、昂贵的首饰等，它们虽然是正面且有利的，但人们对它们是比较容易适应的：刚开始使用时可能会开心一阵，但几个月或半年下来，人们就会失去感觉，所以它们对幸福的提升作用并不大。或者只有在跟别人比较时才能体会到幸福感，但这种幸福感是以牺牲他人的感受为代价的。所以，尽量把钱花在单独消费时就能感知其品质变化的物品上，而少花钱在只有比较时才能感知其相应变化的物品上。

2. 偶尔吃点苦会提高整体幸福感，偶尔的高档消费可能会降低幸福感

问题：你是有车的工薪族，平时都开车上班，有下面两个选项：

A. 每月有一天上班时挤公交（不开车）；

B. 宝马在促销，可以免费试驾一天。

为了幸福，你应该选择哪一个？

基础的幸福源自比较，而比较则需要一个参照点。我们在跟西部边远山区的人比较时，会觉得十分幸福；而我们在与北欧人、美国人比较时，可能会觉得十分辛苦或不幸。偶尔吃些苦，比如去敬老院做义工、义务支教或帮助边远地区的留守儿童，这会让我们看到另一种生活样态，从而降低生活的参照点，提升平常生

活的心理感受，进而感受到幸福。相反，偶尔地进行高档消费，同样能看到另一种可能的生活样态，它会让你的生活参照点得以提高，你会顿然觉得平日的生活水平很低，从而降低幸福感受。当然，如果这个高档消费是意外获得的，比如从天而降的抵价券、偶然抽到的大奖等，你视其为"不现实"或"异常"的，你就不会认为这样的事情是"常态"，就会将这类情况除外。

所以，对于上述问题，你现在应该有自己的答案了吧！显然，答案应该是 A。

3. 站在远处来看寻"意义"

问题 1：如果你计划在今晚看一部电影，你会选择以下哪一部？

A.《小鬼当家》　　B.《国王的演讲》

问题 2：如果你计划在下个周四的晚上看一部电影，你会选择哪一部？

A.《小鬼当家》　　B.《国王的演讲》

对于问题 1，人们多会选择 A；对于问题 2，人们多会选择 B。我们知道，A 是一部有趣的电影，而 B 是一部有意义的电影。立足眼前，我们更会关注"有趣"，而立足长远，我们更会关注"意义"。然而，哪个对我们的幸福更有作用呢？根据马丁·塞利格曼的 PERMA 理论，显然是"意义"！

问题 3：有两只股票：A. 高成长型，但有风险；B. 低成长型，无风险。你会选择哪一只？

每天交易的人更多会选择 B；而每隔 20 天看一下交易结果，然后做出决策的人更多会选择 A，并获得更大的收益。选

B 而收获较少收益的这类现象叫作短视的损失规避（myopic loss aversion），即"过于在意眼前的得失，你就会因小失大"。

更有名的例子是来自 Walter Mischel 的延迟满足研究（又称糖果实验）。研究人员找来数十名儿童，桌子上有这些儿童爱吃的东西——棉花糖（或饼干）。他们被告知可以马上吃掉它们，或等研究人员回来时再吃，此时还可以再得到同样的一份作为奖励。结果，大多数孩子坚持不到三分钟就放弃了，大约三分之一的孩子成功延迟了欲望，他们等到研究人员回来兑现了奖励。Mischel 对这批孩子进行了长期追踪，发现：当年马上按铃的孩子无论在家里还是在学校，都更容易出现行为上的问题，成绩也较低；他们通常难以面对压力、注意力不集中而且很难维持与他人的友谊。而那些可以等上 15 分钟再吃糖的孩子在学习成绩上比那些马上吃糖的孩子平均高出 210 分。实验并未就此结束，Mischel 还发现，当年不能等待的人成年后有更高的体重指数并更容易有吸毒方面的问题。

当今时代，随着商品经济和服务产业的大繁荣，到处都充满了诱惑，是及时行乐还是延迟满足，如何提高自我的控制力，这是我们应该思考并面对的问题，它会影响我们未来的幸福。

4. 自我概念与幸福：快乐存乎尔心

首先介绍一下伤痕实验：

研究者向志愿者（被试）宣称，"该实验旨在观察人们对身体有缺陷的陌生人做何反应，尤其是面部有伤痕的人"。志愿者都被安排在没有镜子的小房间里，由好莱坞专业化妆师在其左脸做出一道血肉模糊、触目惊心的伤痕。志愿者被允许用一面小镜子观看化妆后的效果，然后镜子就被拿走。化妆师表示需要在伤痕表面再涂抹一层粉末，以防止不小心被擦掉。实际上，化妆师用纸巾偷偷抹掉了化妆的痕迹。对此毫不知情的志愿者被派往各医院的候诊室，他们的任务就是观察人们对其面部伤痕的反应。

规定时间到了，返回的志愿者竟无一例外地叙述了相同的感受："人们对他们比以往粗鲁无理、很不友好，且总是盯着他们的脸看！"

从这个例子中你得到了什么启示？你有没有想到：别人是以你看待自己的方式看待你。有什么样的内心世界，就有什么样的外界眼光！很多时候，因为你自卑，你就会觉得别人都看不起你，而事实是别人根本没有那么关注你。你心藏阴影，你就会觉得这个世界处处充满了不公，而事实是，这些并不只针对你一个人，对所有人都是一样的。尽管没有绝对的公平，但其实偶尔的不公不只发生在你身上，很多人跟你一样也在承受，甚至比你更不幸，只是你不知道。

更有名的例子是来自心理学家罗森塔尔的期望效应（皮格马利翁效应）研究——新学期，校长对两位教师说："根据过去的教学表现，你们是本校最好的教师。为了奖励你们，今年学校特意挑选了一些最聪明的学生给你们教。"校长再三叮咛：要像平常一样教他们，不要让孩子或家长知道他们是被特意挑选出来的。而事实上，这两个班的学生并没有经过特别选拔，各方面与别的班级没什么两样。结果，一年之后，这两个班的学生的成绩是全校中最优秀的。

皮格马利翁出自一个希腊神话故事，罗森塔尔借用其名，将这种期望和暗示作用的效应命名为皮格马利翁效应（Pygmalion Effect）。皮格马利翁是塞浦路斯的国王，也是一位有名的雕塑家。他精心地用象牙雕了一位美丽可爱的少女，并爱上了这个"少女"。他的真诚期望感动了阿佛洛狄忒女神，女神决定帮他。后来，这位"少女"成了活人，做了皮格马利翁的妻子。

所以，快乐和幸福在一定程度上是由我们的内心营造的，"心生万物""相由心生"无不讲述了类似的道理。心存感恩，相信善的力量，告诉自己你本就是一个幸福的人，幸福就会悄然走近你。

5. 克服完美主义

在泰勒·本－沙哈尔的眼里，完美主义是一种负面性格。接受自己全然为人，做局部最优主义者而非完美主义者，我们才会幸福。在这个世界上，即使是最幸福的婚姻，双方当事人一生中也会有两百次想离婚的念头，甚至有 N 次想掐死对方的想法。世上所有的努力，失败属于常态，成功属于意外。我们应悦纳自己，承认自己有不开心的情绪，接受每一次尝试后的失败。张爱玲说："生命是一袭华美的袍，上面爬满了虱子。"《道德经》有云，"大成若缺"，即真正大的成就总带着某种缺陷，缺陷也是一种美。《道德经》又云，"不足胜有余"，即凡事做满了，就没有了余地。饭吃七分饱，觉睡八成足。但凡人类的智慧，从根本上讲都并无二致。

6. 发现并善用幸福的"积极性格"

我们身上有很多种特质，也有很多种性格，有好的，也有不好的。马丁·塞利格曼提出，我们身上常见的积极性格包括：睿智（好奇心、好学、洞察力）、英勇、仁爱、公正、自制、幽默、宽容、超脱（豁达、激情、虔诚）、乐观、乐善好施等。比如，有学者通过研究发现了助人何以为乐。这是因为帮助别人后，别人的感谢会让助人者体会到社会价值（social worth），以及有助于建立良好的人际关系，进而有助于提升幸福感。所以，助人为乐不光是帮助了别人，也是对自己的一种心理奖赏。

要尽早发现你身上的积极性格，可以通过亲友、老师和同事的反馈评价，也可以通过对自己多年生活和工作经验的反思；要在生活和工作的各方面寻找能够发挥积极性格的机会，并实践它，这样你能获得持久的幸福和快乐。

7. 爱是生活最好的滋养

研究表明，总体上，有婚姻或爱情的人比单身的人生活更幸福，其原因主要是得到了良好的社会支持。斯滕伯格认为，每一段爱情都由三个部分组成：亲密（喜欢）、激情（渴求）、承诺（精神）。当这三个部分在爱情中达到平衡时，完美之爱才会诞生。只有亲密的爱情是喜欢，只有激情的爱情是狂热的爱，只有承诺的爱情则是空洞的爱。

好的爱情基于的是"高品质的时间"：大家在一起或不在一起，每个人都在做最开心和最真实的自己，但彼此又感受到对方的存在和关注，即所谓的"相爱而不纠缠"。这样的境界与童年时建立的良好的客体关系有关：安全型依恋，自我分化相对完善，并建立相对明晰和富有弹性的人我边界。

一项基于美国和中国香港的已婚夫妇的研究发现，上下班同路的夫妇感觉更幸福，这种相关性独立存在于其他诸如结婚年数、子女个数、收入水平和花在上下班路上的时间等因素之外。其原因在于，这让夫妇感觉到自己在生活中拥有更多共同目标，正所谓，"爱不是彼此凝视，而是一起注视着同一个方向"。该研究成果建议新婚夫妇选择能让两人上下班同行的住所，而不是选择位于两人工作地点中间的住所。

8. 提高幸福感受力

幸福是一种愉快、专注、满足的心理状态，也是一种情感体验。Csikszentmihalyi 提出流体验（flow experience）概念，并将其定义为一种将个人精神完全投注在某种活动上的感觉，并且在这一过程中有高度的兴奋感及充实感，也有学者将其翻译成"福流"。我们在专注地工作的时候，或在尽情地欣赏音乐的时候，或在忘我地演奏钢琴的时候，或在愉快地陪孩子玩耍的时候，都可能体会到流体验。这样的时刻，你是幸福的，这样的时刻越多，你的幸福程度就越高。

脉冲式的快乐能促进幸福，比如改变家里的布局和装饰、旅游、换一个新的发型等。适当怀旧，比如看照片，重拾以往的美好，回味以往奋斗的日子，也都能使人体会到幸福。

我们应关注过程，享受当下。要觉察你的呼吸，体会你的心跳，享受每一个平安健康的日子，不要忽略了身边的每一个"小确幸"，从而提高我们的幸福感受力。记住生命是一段旅程，别忘了欣赏周围的风景，如此才能过上幸福的生活。

9. 正确识别自己的情绪

正确传达内心状态的积极情绪行为能够增强社会联结，而那些不能准确传达个人体验的积极情绪行为（比如不快乐时的微笑），会削弱社会联结，进而影响心理机能。Ferrer 通过一年的追踪研究发现，体验与行为的分离程度越大，抑郁症状就越多，幸福感就越低，且这种相关性受到社会联结的影响。正如前文所述，人际关系以及社会关系地位是影响幸福的重要因素。

10. 培养乐商

乐商（optimistic intelligence quotient）或乐观智力（optimistic intelligence），是指人的乐观能力，既包括一个人乐观水平的高低，也包括个体从所经历的消极事件中获取积极成分（或力量）的能力，以及影响或感染他人的能力。所以，从维度上说，乐商主要包括三个维度：第一个维度是人的乐观程度，主要包括人的快乐水平等。乐观程度除了静态的水平程度之外，还包括个体使自己变得快乐的能力，特别是自我激励的能力。第二个维度是人摆脱消极事件或消极影响并从中获取积极成分（或力量）的能力。第三个维度是影响他人变乐观的能力。感恩、宽恕、利他、回味和冥想等，都有助于提高乐商，从而培育积极的情绪，并提高幸福感受力。

11. 结语

获取幸福的途径多种多样，远不止这十个原理，更多的方法还有待我们用心琢磨。然而，张爱玲说，"人总是在接近幸福时倍感幸福，在幸福进行时却患得患失。"幸福是一个人毕生要学习的课题，也是一个不断探索的过程，我们坚信还有更多的幸福时刻在等着你去追逐。

参考文献

奚恺元，王佳艺，陈景秋．(2018)．撬动幸福．北京：中信出版社．

（段锦云）

12 如何成为一个幸运的人?

幸运不似闪电,它孤立而至;它更像是风,阵阵袭来,时而沉稳,时而呼啸,有时甚至会从你根本想象不到的方向吹来,突然就降临了。

我们都期望自己和家人好运。如何获得好运呢? 一般而言,一个幸运的人,大体与以下因素有关。

1. 出身好,但这不由你决定

有的人一出生什么都有了;而有的人一出生就支离破碎、残缺不全;更多的人则出生在普通家庭……每个人来到世间,都带着属于自己的一份独特的脚本,但怎么去演这场人生大戏就得看各自的努力和天赋了。

出身所包含的因素是复杂的,有阶层,有圈子,有家风,等等,都是你所不能选择的。作为尘世中的一员,我们能做的只能是顺其自然。对不能选择的东西,顺其自然,对能争取的东西,就竭尽全力地去争取,尤其是要学会去创造。

2. 主动走出舒适区，去构建链接

承担风险，方能提升运气

人生伊始，胎儿离开舒适的母体，从此便不再享有母体为自己提供的温室。尽管这个过程是痛苦的，不然我们不会用嘹亮的哭声去表达抗议，但随着脐带被剪断，独立终究是开始了——恐惧的同时又带着勇气，迫不及待地去探索这个未知的世界。小的时候，从第一次学走路，学骑车，学乘公交和地铁，无不需要承担风险；长大以后，又可能变得胆小，变得故步自封，不再去拓展自己的能力和疆域。躲在人群背后默默观察，风险系数固然低，但机会也随之减少，因为机遇与风险向来共存。

弱链接，让你获得更多机会

著名社会学家 Mark Granovetter 曾对在波士顿近郊居住的专业人士、技术人员和经理做过一项调查，随机访问其中的 100 人是如何找到工作的。结果他发现：通过正式渠道申请、投简历拿到录用通知的人不到一半，也就是说超过一半的人通过个人关系找到了工作。而其中只有 16.7% 的人是通过每周至少见两次面的"强关系"得到工作机会，其他人都是通过平时不怎么联系的"弱关系"得到机会。也就是说，生活中很多你真正用到的关系，往往来自那些平时联系不多的人！对此 Mark 教授也给出了解释，那些"强关系"的人往往生活中跟你同处于一个圈子。你们背景相似，有相近的朋友圈，共享着相同的信息；相反，那些"弱关系"的人给你带来了更多元化的信息、新鲜的刺激以及完全不同的社交网络。更进一步地，接触到更多新鲜观念的碰撞与融合，你的视野会更开阔，创新能力会更强，同时也有可能碰到更多的机遇。

所以，高铁上与邻座一次不经意的聊天，在陌生城市的一次不经意的问路，或是与扫地阿姨一次不经意的聊天，都有可能使你了解到不曾熟悉的领域，学到不曾想到的知识，或许能为你打开新的合作大门。

留意你生命中的"贵人"

人的一生离不开贵人相助，尤其在人生的早期阶段，这个时期被什么样的人影响是至关重要的！"现代科幻小说之父"凡尔纳18岁时在巴黎攻读法律，但他毫无兴趣，对文学戏剧却情有独钟。有一次晚会，凡尔纳早退，他童心大发地沿着楼梯扶手悠然滑下，不料撞到了一位绅士。道歉之余，凡尔纳顺口询问对方吃饭了没有，对方回答吃了南特炒鸡蛋。凡尔纳听罢说自己是南特人且对此菜极拿手，绅士大喜便诚邀凡尔纳登门献艺。两人从此结缘，成了好友，后来共同创作了剧本《折断的麦秆》，后成功上演并大卖，从此奠定了凡尔纳在文学界的地位。这名绅士就是法国著名作家大仲马，正是在他的影响下，凡尔纳一门心思地投入到了诗歌与戏剧的创作中，这才有了后来的成就。大仲马便是凡尔纳的贵人。贵人可以是身边很亲近的人，也可以是不经意间遇到的陌生人。

与人相处，心怀善意，这样才能提高遇到贵人的概率。当然，在留意或找寻贵人的同时，更重要的是要修炼和提升自我，毕竟他人是因为觉得你值得信赖或有潜力，才帮助你。单纯靠别人拯救纯粹是天方夜谭。

3. 先坐上火箭，别在乎位置

2001 年，在为政府工作了几年之后，桑德伯格搬到硅谷寻找下一份工作。她找到的其中一份工作是 Google 的首任业务部总经理。当时没人相信互联网公司可以赚大钱，并且这个职位比她在其他公司得到的都要低好几级。然而，当时 Google 刚上任的 CEO 施密特劝桑德伯格："当公司在飞速发展时，事业自然也会突飞猛进。当公司发展较慢时，或者公司前景一般时，停滞和办公室政治就会出现。如果你得到了坐上火箭的机会，别管是什么位置，上去就行。"六年半之后，要离开 Google 的桑德伯格记住了这句忠告，她放弃了去好几家公司做 CEO 的机会，去了 Facebook 给 23 岁的大学生扎克伯格打工，而现今她是全球 IT 领域的知名经理人和畅销书作家。

平台的重要性

拿破仑说：没有平台，能力就无足轻重，一个人要想成功，要么加入一个团队，要么组建一个团队！人归根结底是环境的产物。一根弯曲的树苗若生长在由棵棵笔直的树木组成的树林中，为了与其他树木争夺阳光，自然会逼自己长得笔直，这便是"夹持"的功效。这就好比，你打败千军万马挤进了名校，目光所致都是优秀学子。渐渐地为了不落人后，你便会逼自己奋发图强，成为更优秀的人。好的平台最厉害的地方，不仅在于它是人才聚集的高地，让你和一群优秀的人共事，更在于它为你提供了一个更广阔的视野与格局，让你更快地成长。

方向错了，停下来就是进步

从小我们就被告诫做事情一定要坚持，切不可半途而废，但事实告诉我们，并不是任何时候坚持都是适当的。肯德基的创始人 Sanders 上校年轻时创业，干过各种不同的职业，包括铁路消防员、保险商、轮胎销售及加油站主，均以失败告终。直到 66 岁开始转型推销炸鸡秘方，才取得成功，而他靠的正是不断地转换方向，即时止损。在错误的方向上，坚持便是固执，停下来才是进步；既要低头拉车，也要抬头看路，才不至于跑偏。

4. 做最好的自己：花若盛开，蝴蝶自来

酒香不怕巷子深

罐头是在 1810 年发明出来的，可开罐器却在 1858 年才被发明出来。重要的东西有时会迟来一步，无论是事业还是生活。陈窖一开香千里，这香便是最让人无法抵抗的宣传语。星巴克就极少打广告，但是它的产品风靡全球。对于星巴克而言，营销固然很重要，但更重要的是一定要把产品和服务做好，这才是畅销的基石。人亦如此，在这个信息透明的时代，只要你足够优秀，便不用担心无用武之地。

越努力，越幸运

茨威格在为路易十六的妻子玛丽·安托瓦内特撰写的传记中曾提到过其早年间骄奢淫逸的生活，无比感慨道："她那时候还太年轻，不知道命运馈赠的所有礼物，早已在暗中标好了价格。"历史上她付出的代价便是在法国大革命中被送上断头台，她也因此

被称为"断头皇后"。

你想有所得，必将有所付出，运气向来是努力和实力的延伸。这句话的意思是，你努力了，实力提升了，你才能够更加敏锐地捕捉机遇；你实力提升了，别人也看到了你的努力，这样有助于你吸引到更多的人的注意和垂青。越是努力提升实力，捕捉运气的能力就越强，得到的运气就越多，再次转化为实力的机会也就越多，从而运气就会越好，如此形成良性循环，你终将会成为那个最幸运的人。

参考文献

Granovetter，M.S.. (1973). The strength of weak ties. *American Journal of Sociology*，78(6)，1360-1380.

（段锦云　施　蓓）

13　少即是多：明明做减法更好，
　　但我们习惯做加法

如果您所在的学校或企业请您提改进建议，您会提什么建议呢？是否是"提供更好的平台或机会"、"增加福利"抑或是"开设新的专业或课程"……

一项调查发现，某大学的新任校长邀请学生、教师等提出针对学校的改进意见，70% 的人选择用加法策略提建议，例如"更多的留学资助""创建性别包容的住房选择"等；而仅有 11% 的人用减法策略提建议，例如"禁止滥用权力"等（Adams at al.，2021）。

在平常的生活中我们同样如此：人们为了更健康会选择吃更多的药或保健品，而不是少吃不健康的食物，或减少不良行为习惯；修改 PPT 或文章时，内容总是会越改越多；家里的东西总是越买越多；为了自我提升，给自己布置越来越多的学习任务；行程总是越来越满……

"少即是多"的理念提倡人们给人生做减法，但多数人行动起来却事与愿违。

当想要解决问题或想创新时，我们倾向于做加法而不是做减法。于是乎，人们总是直接用加法来解决问题，而未曾想减法方案可能更优。

1. 为什么做减法很困难？

加法策略是人们默认的选择。一项发表在《自然》（*Nature*）上的研究发现，人们更愿意选择加法策略，而忽视减法策略或低估减法策略带来的潜在收益（Adams at al.，2021）。

下面简要介绍这项研究的实验和有趣发现：

实验1：参与者被邀请做乐高游戏。如图1所示，一个玩具动作人物（因版权原因未显示）站在白纸上标记的高度。这里深色的顶部平台上是不能放乐高积木的，因为它与下层平台仅靠一块位于角落的小块积木连接，这就类似于一张单腿的桌子，不够稳定。

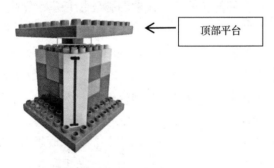

图1　乐高游戏示意图

参与者的任务是需要在顶部平台上面放置一块积木，同时又不能让顶部平台失去平衡砸着白纸上标记的高度所代表的玩具动作人物。如果成功，会得到1美元的报酬，但添加1块乐高积木需要花费10美分。此时，参与者可以添加积木以加固顶部平台，也可以撤去连接下层平台和顶部平台的积木，后者是最经济的解决方案。参与者被随机分配到减法提示条件（明确说明移除积木是免费的）和控制条件（未提及移除积木的说明）中。结果发现，在没有减法提示的情况下，相当多的参与者都忽略了更有利的减法策略。

实验2：研究者邀请参与者对一个微型高尔夫球洞的插图尽可能多地提改进意见，并对建议进行三种编码：加法策略（例如"添加风车"等）、减法策略（例如"移除沙坑"等），以及两者都不是的情况（例如"反转方向"等）。参与者被随机分配到提示条件（提醒参与者可以选择加法策略或减法策略）和控制条件（没有提到加法策略或减法策略）中。结果发现，线索的增加并不会增加参与者选择加法策略的可能，但可以增加参与者选择减法策略的可能。

实验3：向参与者展示一个由白色和灰色方框组成的 10×10 可变色网格（见图2）。参与者可以通过点击任何一个小方格来切换它的颜色，目标是用最少的点击次数使网格从左到右和从上到下对称。可以通过在其余三个象限增加灰色方框（加法策略：点击次数较多）或在某一个象限将灰色方框改为白色（减法策略：点击次数较少）来实现对称。

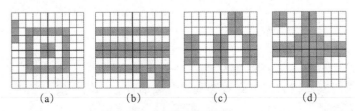

(a)　　　　(b)　　　　(c)　　　　(d)

图2　10×10 可变色网格

在对照条件下，参与者立即进行关键实验。在重复搜索条件下，参与者首先在三个相似的网格上完成练习实验，再完成关键实验，但不会收到外部的反馈。重复的目的只是让参与者有更多机会认识到加法策略的缺点。在不断尝试中增大偶然发现减法的累积概率应该会增加参与者在关键实验中使用减法策略的可能性。结果发现，49%的参与者在对照条件下运用减法策略，而63%的参与者在重复搜索条件下运用减法策略，差异显著。这也说明了当参与者有更多的机会认识到加法策略在完成特定任务的缺点时，他们更有可能转换为运用更好的减法策略。

实验4：实验材料与实验3相同。参与者需要完成四个关键实验，没有练习。为了诱导更高的认知负荷，研究者要求参与者在完成关键实验的同时进行头部运动任务或数字搜索任务。结果发现，参与者处于认知负荷时，较少运用减法策略。

从这几个有趣的实验中不难发现，加法策略往往更快速地出现在我们的脑海中，它是默认的认知方法；而减法策略则需要更多的认知努力。即使做减法能提供更简单也更好的解决方案，我们仍倾向于关注可以增加的东西，而不是可以摆脱或减少的东西。

2.如何做减法？

虽然，减法策略容易被我们忽略，但鉴于减法策略会帮助我们恢复精力、提高效率和提升灵活性，我们需要更多考虑减法策略。

觉察，克服惯性思维

减法策略与加法策略一样，都是我们解决问题的工具之一，但就像《自然》上的这项研究所说："如果人们默认选择加法策略而不考虑有时可能更优的减法策略，他们可能会错过让自己的生活更充实、让组织更有效、让星球更宜居的机会！"人们越频繁地依赖加法策略，这种策略就越容易在认知上被接受。所以，我们需要正视减法策略的存在，避免惯性思维，要经常提醒自己：减法策略会不会更有帮助？当减法策略不断地被调用时，你会发现更多的可能性。

多复盘，多反思

也许加法策略总是被你第一时间调用，但没关系。实验 3 告诉我们，识别加法策略的缺点有助于我们转换策略。那么，请以反思和成长的心态来看你的过往决策，看看加法策略是不是有时并不能有效解决问题。在复盘中比较加法策略和减法策略的适用性，你有可能在未来更多地考虑减法策略的可能性。

放松

诚如实验 4 的结果，当参与者有更多的注意力资源可用时，他们更有可能识别出一种优越的减法策略。个体在压力较大、认知负荷较大的时候，是没有足够的认知资源去检索减法策略的。因而，学会放松，劳逸结合，调节资源，这些都会有帮助。

了解自己到底要什么

减法策略看上去好像是问"要减去什么？"，但对我们的人生而言其实是在问"你到底要什么？"。我们常常去追逐想要的东西，不断地给自己的生活做加法。而减法策略是要你觉察自己的生活，聆听自己内心的声音，并反复问自己：人生及当下最重要的事情是什么？我们应重点关注最核心的需求，果断放弃没有意义的目标，并采取行动。

减法不仅是一种解题策略，更是一种人生智慧。少即是多，去伪存真，把握核心价值，抓住事情的本质，这是减法策略的重要寓意。学会做减法，轻装上阵，更好地拥抱你想要的生活吧！

参考文献

Adams, G. S., Converse, B. A., Hales, A. H., & Klotz, L. E.. (2021). People systematically overlook subtractive changes. *Nature* (London), 592 (7853), 258-261. https://doi.org/10.1038/s41586-021-03380-y.

（郭　薇　段锦云）

14　社会阶层越高越自私无情？

　　你小时候玩过《地产大亨》（又称《大富翁》）的游戏吗？在我小时候这是很流行的游戏，想要在这个游戏中获胜，你需要一些技巧、才能和运气；除非你有特殊的作弊技巧——游戏修改器，那样你一出场就有数倍于对手的金钱……

　　在加利福尼亚大学伯克利分校，研究者就这个游戏做了一个实验，他们招募了一百多对陌生人到实验室，通过掷硬币的方式选出作为优势玩家的人——开局就有两倍于对手的资金，并且可以同时投掷两个骰子（对手只能掷一个），所以他们在游戏中有更多移动的机会。下面几段内容来自研究者的演讲和研究内容，用以帮助详细阐述我们今天想探讨的问题：社会阶层或金钱会让人变得自私无情吗？

　　研究者通过设置在房间中的微型摄像机和麦克风观察。随着游戏的开展富玩家在棋盘落子的力度不断加大，到了后来几乎是在狠狠地砸棋盘，并常常举臂为自己庆祝，展现出了各式"霸主"姿态。研究者还在游戏桌上放置了零食，虽然没做任何说明，但富玩家开始不停地吃零食，就像零食是专门为他们准备的一样。

　　游戏继续进行，富玩家开始对穷玩家表现得很不友善，对穷玩家不公平的贫困处境越来越不敏感，炫富愈加频繁：

"我什么都买得起！"

"你还欠我钱，你很快就要输光了！"

"我要买它，我有太多钱了，花都花不完的钱！"

在游戏快结束的时候，研究者询问了他们在游戏中的经历。当富玩家谈论他们在这个被操纵的游戏里面为什么"必胜"时，他们强调自己为赢得游戏付出的努力，但却忽略了这个游戏一开始就不平等的事实：他们的优势是通过投硬币随机决定的。

我们用这个大富翁游戏来理解社会以及社会分层：有的人拥有大量的财富和很高的地位，而很多人则没有这个条件，他们只有很少的财富、不高的地位，并且很少有获得宝贵资源的机会。在美国，大量研究都发现，当一个人的财富增加时，他们的同情心和同理心下降，优越感增强，更加注重个人利益，把贪婪当作优点，视追求个人利益为道德。

那穷人又当如何呢？

在另一项研究中，研究者把一个社区的富人和穷人都带到了实验室，每人发 10 美元，他们可以自行决定要分多少钱（0 ～ 10 美元）给陌生人。结果发现：穷人比富人多给了 44% 的钱，而在该研究中，富人有着十倍于穷人的年收入。诸如此类的实验不可计数。研究还发现，越有钱的人越可能在谈判中说谎，赞同工作中的受贿等不道德行为，而穷人却有更多的助人行为，比如主动停车让行人通行。

在这里不得不提到两个心理学概念，一个为自我导向，一个为他人导向。自我导向的人专注为个人目标奋斗，喜欢表达自我，倾力提升自我；而他人导向的人则喜欢关心帮助他人，适应他人，重视自己的社会责任和人际关系，乐于帮助他人提升。通过上面提到的几项研究，我们能推测，富人大多是自我导向的，而穷人大多是他人导向的。

一些跨文化研究发现，社会经济地位高的人（通常是富人），都有更强的自我导向心理，这种正向关系在每一种文化中都存在，而社会经济地位与他人导向的负向关系却并不是在所有的国家都成立。事实上，在儒家文化影响下的国家，如日本，社会经济地位与他人导向具有正向关系，也就是说越有钱的人其他人导向的心理越强。而在前沿文化影响下的国家或地区，如美国、西欧等，社会经济地位与他人导向具有负向关系，即越富有的人其他人导向的心理越弱。

为什么会出现这样的情况？首先，他人导向与自我导向不是绝对的对立关系，一个人可以在高自我导向的同时也具有高他人导向的心理，比如一个人可以在全面满足个人需要的同时对他人实施帮助。究其原因，家庭教育可能对上述的正负向关系做出了不小贡献。

美国梦是指，每个人都有平等的机会获得成功、获取财富，只要你足够努力。这就意味着，有时候个体需要把自己的利益凌驾在他人的利益和幸福之上。

子曰："毋意，毋必，毋固，毋我。""君子谋道不谋食，君子忧道不忧贫。"这提醒我们要杜绝四种弊病：无主观猜疑，无定要实现的期望，无固执己见之举，无自私之心；并教育君子应以天下和国家为己任，只忧虑自己的为人，而不忧虑贫穷。

上述两种截然不同的文化在百年甚至千年之后还深深影响着它们的后人。

　　无论是在哪一种文化背景下，在教育孩子的过程中，相较于社会经济地位低的穷人，富人更强调自我导向的价值观，鼓励孩子自我表达和努力工作。而在日本这样的受儒家文化影响的国家，人们在鼓励追求更高的社会经济地位的同时还会强调他人导向的价值观，比如责任感和尊重、帮助他人。而在美国，孩子接受到的更多的是美国梦所传递的观念。

　　这些研究并不是想说明所有的有钱人都坏。事实上，每个人时不时地都在是否要把自己的利益置于他人利益之上这一问题上做着斗争。只是你越有钱，越倾向于追求一种个人的成就，虽然这有可能建立在对他人的损害之上。但是，这些财富对人性带来的负面影响其实很容易被消除，容易到只需要一些同理心的推动，一些细微的价值观改变，等等。

　　比如，在一个实验中，研究者让富人看一段46秒的关于儿童贫困的视频以此来提醒他们周围人的需要。在看过这段视频之后的一小时，富人变得和穷人一样愿意去帮助那些陌生人。

　　最后，送上比尔·盖茨的话作为结尾：人类最大的进步不在于发明创造，而在于如何将这些发明创造应用于减少不平等。

参考文献

Kraus, M., Piff, P., & Keltner, D.. (2011). Social class as culture: the convergence of resources and rank in the social realm. *Current Directions in Psychological Science*, 20 (4), 246-250.

Miyamoto Y., Yoo J., Levine C.S., Park J., Boylan J.M., & Sims T., et al.. (2018). Culture and social hierarchy: self- and other-oriented correlates of socioeconomic status across cultures. *Journal of Personality and Social Psychology*.

Takemura, K., Hamamura, T., Guan, Y., & Suzuki, S.. (2016). Contextual effect of wealth on independence : an examination through regional differences in China. *Frontiers in Psychology*, 7, 384. http://dx.doi.org/ 10.3389/ fpsyg.2016.00384.

Fiske, A. P.. (1992). The four elementary forms of sociality : framework for a unified theory of social relations. *Psychological Review*, 99, 689-723. http:// dx.doi.org/10.1037/0033-295X.99.4.689.

Fiske, A. P., Kitayama, S., Markus, H. R., & Nisbett, R. E.. (1998). The cultural matrix of social psychology. In D. T. Gilbert, S. T. Fiske, & G. Lindzey (Eds.). *The Handbook of Social Psychology*. 4th ed. 915- 981. New York, NY: McGraw-Hill.

Fiske, S. T., & Markus, H. R.. (2012). Facing social class : how societal rank influences interaction. New York, NY: Russell Sage Foun- dation.

（骆雯婕）

15　为什么懂得很多道理，
依然过不好这一生？

"听过很多道理，但依然过不好这一生"，这句话自韩寒的电影《后会无期》（2014年）热映后就流行开来。这句话也在流传中演变为"懂得很多道理，依然过不好这一生"。

有洞见，且通俗易懂；在句式上具有冲突性；加之电影很卖座……于是这句话得以流行。

事实不胜枚举。在历史和现实中，有太多的聪明人，他们或一生波折，或悲苦凄凉，又或碌碌无为。辉煌如撒切尔夫人，在人生晚期却后悔"若时光倒流将不再从政"，因为从政让她冷落了家庭，以致与一对子女关系疏远，人生最后的十年时光几乎都是一个人孤单度过。练达如胡雪岩，最终却落得个树倒猢狲散、郁郁而终的悲惨结局。灵敏如张爱玲，长期孤苦伶仃，一个人客居他乡，最后竟去世多日无人问津……

为什么懂得很多道理，但依然过不好这一生？

我们都知道懂得道理不易，需要通过学习、阅读、主动请教，或借鉴别人的经验，或反思自己的亲身经历，然后习得。这当中的每一步都十分不易。

过好这一生更是不易。一生很长，机遇、运气、大环境等，各种不确定因素太多。研究表明，即便如智商这么重要的东西，它与一个人的收入和成功的关系也非常小，尤其是在缺乏公正机制的系统（劣治）中。所以，即便一个人很聪明，也很难保证就能获得高收入，更遑论掌控人生。同时，一个人的道德与收入的关系更小，所以变得有道德也不尽能令你成功（见图1）。

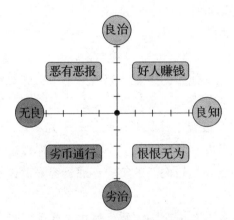

图1 系统与个人作为的关系

不过，一个人的道德与其人生幸福的关系更紧密。这是因为，幸福需要智慧，而善良是智慧的主要成分之一。显然一个善良的人是有道德的。而收入与幸福的关系是"先高后无"，即在小康之前，收入越高越可能幸福，迈过小康的门槛之后，两者之间的关系就越来越小了。

"懂得道理"和"过好一生"就好比"知"和"行"。这是一个历史性难题，也曾引发过很长时间的争论。知易行难？知难行易？知难行难？知行合一？各有各的道理，很难给出定论。但可以肯定的是，知和行是不同的，而且两者之间隔着一条鸿沟，即便懂得了很多道理，但离"过好这一生"依然隔着十万八千里。举几个简单的例子。比如，学经济和金融的人，不一定炒股比普通人更赚钱；学管理学的人不一定能管理好一个企业；学政治学的人与从政几乎也没什么关系；学心理学的人也不一定比普罗大众更善于调节心理和心情……

那么，究竟如何过好这一生？

这个问题当然不好回答。首先，"好的一生"并没有标准。你很难说身处高位、只手遮天、家境富裕就一定是"好的一生"。你不知道的是，也许他压力重重、束缚万千，也许他身心疲惫、身体不佳，也许他夫妻或亲子关系不睦。你也很难说生活在一个偏远安静的农村，过着平凡朴素的日子就不是"好的一生"。她一家身体健康、平安和睦，尽管没多少钱，但你每每见到她都能看到她一脸的满足和发自内心的笑容，那笑容告诉你，这样过也可能是"好的一生"。

也许你羡慕在北上广深一线大城市工作的同学，或向往在美欧生活的朋友，你认为那样过可能是"好的一生"。但你可能没注意到，他每个月除了交房租或还房贷，所剩无几，也几乎没有个人生活；又或者，繁忙而例行性的工作留给他个人的发展空间或生活空间十分有限，他们近乎打工机器，很难主导或开创一片天地，在所属群体中的地位也没有你高。身处海外的朋友，他们过着好山好水但好无聊的生活，看到国内热火朝天、满地都是机会的大好情势，有可能长期处于"回国还是不回"的纠结中不能自拔……

在一个公正的系统中，你付出越多，获得也越多，不过这一"付"一"得"似乎又抹平了人生的幸福总值，因为获得当然是快乐的，但付出却意味着吃苦。付出和获得没有尽头，你可以 60 岁之前一直耕耘，60 岁之后再去享清福，也可以 30 岁之前耕耘，之后享受生活。孰好孰坏，没人说得清。中国人讲中庸之道，这近乎一门艺术，如何把握因人而异。

而如何过，似乎也很难有标准答案。也许你想好了"好的一生"的样式，但要达到那个目标并不容易。也许你的父母年纪大了，身体也不大好，他们很难给你很多支持；或者你感觉自己的能力还有待提升，外语不大好，工作经验还很缺乏；又或者，尽管自己足够好了，但迟迟没碰到喜欢的另一半；等等。这些都会阻碍你实现"好的一生"。

所以，我们在问这个问题的时候，就好比在问"请告诉我，明天的股票到底是涨还是跌"，"如何生一个跟我一样聪明或漂亮的宝宝"，或者"什么时候有地震"，"地球之外到底有没有生命"，甚至诸如"请告诉我，我大学读什么专业将来会更有前途"，等等，一样难以回答。

也许我们可以借鉴现代统计手段，探索出一个概率的置信区间，来预估未来的生活。比如 95% 的概率落在［下限，上限］，这个下限是最差的情形，上限是最好的情形。这些情形包括机会、收入、身份地位、生活品质等。但这也只是一个大区间的粗略估计。即便如此，还有一个 5% 的例外情形是即便用现代统计手段都无法估计的。

我们也可以借鉴所谓的"第一性原理"来规划未来，即抛弃比较思维，明白自己的核心需求，按自己的意愿做选择，然后围绕这个核心需求或意愿来"做功",忽略那些会干扰你的核心需求的因素。你的成就＝核心算法 × 大量重复动作,所谓"核心算法"就是你的"第一性原理",而大量重复动作就是"做功"。

不过,这里又涉及一个问题,那就是:并不是每个人都明白自己的核心需求或意愿。孔夫子说"四十不惑",其实过了四十谁又何尝没有困惑呢。那些早早就明白自己的核心需求的人,是幸福的,无论这种需求别人如何看待;而如果尚不明白,则要从心底寻找答案,不要囿于别人的眼光或现实。通常而言,那个夜深人静或午夜梦回之时来自心底的长期召唤,多半就是你的核心需求。

塞利格曼(Martin E.P. Seligman)说,人的幸福感取决于PERMA,分别是积极情绪(positive emotion)、投入／忘我(engagement)、人际关系(relationship)、意义感(meaning)和成就感(achievement)。其中人际关系(数量 × 质量)的权重最大,而人际关系的质量又优于数量,尤其是年长时。

以上只做参考。但凡人说出的话一定能被推翻,也没有人能穷尽人生之理。

懂得这些道理("知")了,就可以过好这一生了吗?显然不会,也没那么容易。你的所作所为("行")以及环境,甚至老天爷是否眷顾,会更大程度地决定你的一生。时势造英雄,人的身份地位更大程度上是环境和目标决定的,而我们能掌控的部分是有限的。不过,即便如此,还是要努力,正所谓"越努力越幸运"。不放弃一切努力,但要看淡结果,即"像拳手一般投入工作,像上帝一般看待结果"。

没有什么"向往的生活",人生只存在真实的"日常生活"。

过不好当下日常生活的人，即使过上了"向往的生活"同样也过不好。所以，无论何时何地，当你回首过往时，不管结果如何，都请记得，你走过的路对你而言就是最佳路径，也最适合你的人生。

参考文献

塞利格曼 .（2010）. 真实的幸福 . 沈阳 : 万卷出版公司 .

（段锦云）

16 相比集体的成功，人们更津津乐道于个体的成功

春秋战国人士养由基因射石饮羽、百步穿杨流传千古；与此同时，"万人操弓，共射一招，招无不中"的道理也被人口口相传。生活中我们常常强调集体带来的力量，又不禁对风格鲜明的传奇人物心生敬意。总之，无论是个人的卓越还是集体的成功都会赢得无数的赞誉与倾慕。

然而，我们发现，在日常生活中个人的成功似乎更令大众着迷：与占据全球市场半壁江山的微软相比，人们更陶醉于比尔·盖茨的个人成功；股神沃伦·巴菲特的传奇投资经历也比无数"投资者阶层"更有影响力；甚至人们对亚历山大、拿破仑等著名领袖的关注也远远超过了对他们领导的国家的关注。

这一现象也引起了心理学家的关注。Walker 和 Gilovich 的研究（2021）证明：比起集体的成功，人们更容易被个人的成功所打动，因此更有兴趣看到个人的成功持续下去。而影响这一现象的关键因素，是人们心中的敬畏感。

1. 关于敬畏感

敬畏感是一种对"宏大"的感知——被感知的对象在大小、范围、数量、能力、权威或名望等方面超越了人们原有的认知结构，于是人们需要建立新的图式、扩展自己的世界观。个人主导的成功比团体主导的成功更容易引发敬畏感。

2. 个人成功与团体成功引发敬畏感差异的原因

个人成功比团体成功更能扩大人们对人类潜能极限的认识

人们在面对极端或前所未有的现象（比如连续的成功）时，会寻求某种解释。研究发现，人们对个人成功和团体成功的解释是不同的：个人成功往往被归因于个人因素，而团体成功常常被归因于情境因素。

面对团体的成功，我们可以找到很多种解释：人才的聚集、高效的领导、良好的化学反应或高额的报酬……这些解释让团队的成功被视作由外部因素导致的。因此，人们对团体成功的归因不仅是外部的，而且还不够明确。

相比之下，个人在竞争中取得成功时，很少有人怀疑个体的主导地位。因此，个人成功的归因往往是内部的且较为稳定明确。尤其当个体"举重若轻"地成功完成某一项艰巨任务时，人们更会惊叹于他们的才能，认为他们的成就是个体极限潜能的激发。而这样的归因和认知，让人们更容易对个人成功产生由衷的敬畏。

与团体成功相比个人的连续成功更为罕见

在很多情况下，团队的存在时间要比个人更加持久。譬

如，运动员的运动生涯极其有限，他们的巅峰状态往往只能维持
4～10年，但辉煌的球队往往可以延续几代球员；乔布斯已然离
世，但苹果帝国仍然在全球市场屹立并占据极大份额。对个人而
言，在有限时间里创造奇迹是极其困难的事情，这种时间的有限性
和成功的罕见性，都为人们对个体成功的敬畏感层层加码。

3. 人们对个体成功偏好的溢出影响

影响人们对经济不平等的态度

这种偏好也能影响人们对经济不平等的态度。在过去几十年
里，那些收入最高的人获得了财富的大幅增长，导致了经济不平
等的加剧。研究发现，当不平等被看作个体之间的不平等时，人
们似乎更容易接受这种日益加剧的不平等现象。

基于此，Walker 等人进行了实验研究（Walker et al.,
2021）：

实验程序：

研究者向一组被试展示一组统计数据：世界上最富有的
26 人拥有的财富与最贫穷的 35 亿人拥有的财富相当（或 26
个最富有的人每人拥有约 1.35 亿最贫穷的人的财富）。

向另一组被试展示另一组数据：世界上最富有的人现在
拥有的财富与 5 亿最贫穷的人相同。

而后，请被试评估不平等程度以及处于社会顶层的人有
多大资格获得其成功。

实验结果：被试认为，当不平等被框定为处于顶层的个
人而不是群体时，描述的不平等水平更低，他们也认为处于

顶层的个人比处于顶层的群体更值得拥有财富。

实验结论：将不平等定义为个人之间的不平等，会提高人们对不平等的容忍度。

影响体育赛事消费

个人与团体的连续胜利或失败在体育赛事中十分常见。无论是发达国家还是发展中国家，一旦负责举办大型的体育赛事，该赛事必然会带来一连串的经济价值。其中个人或团体比赛的门票购买、纪念品收藏、赛事结果下注等消费行为都有可能受人们对个人或团体成功偏好的影响，有大明星和传奇运动员参加的赛事通常更有优势。

总而言之，与团体的成功相比，人们常常会对个体的成功抱有更加积极的态度。卓越的个体容易成为我们心中的"标杆"和"向往"，这是因为这类个体更易激发我们的敬畏感。不过，相比仰慕与崇拜，我们还是应该探寻属于自己的卓越人生！

参考文献

Walker, J., & Gilovich, T.. (2021). The streaking star effect: why people want superior performance by individuals to continue more than identical performance by groups. *Journal of Personality and Social Psychology*, 120 (3), 559-575.

（郭晶铭）

17 幸福，求而不得的"狗屎运"罢了

有人说幸福是起床后妈妈准备的温热豆浆，有人说幸福是星空下的深情告白，也有人说幸福是几经磨砺后的升职加薪……

我们每个人对爱与幸福都有渴望和追求，对美好生活都有憧憬和期盼，但我们努力追逐幸福时，却常常事与愿违，于是便感慨无奈或幸福可遇不可求。

有研究发现，人们越想得到幸福，可能越难得到幸福（Zerwas & Ford，2021）！

研究者将被试分为两组，通过让被试阅读与幸福相关的文章来引导实验组更加重视幸福，而后让实验组和对照组观看不同情绪体验的影片。结果发现，更加重视幸福的被试（实验组）在观看了亲密情绪类影片后，体会到更强烈的孤独感。

这表明，过度重视幸福会对个体的情感体验产生负面影响。

为了理解追求幸福与得到幸福背离的原因，研究者将追求幸福的过程分为三个阶段：（1）设定幸福的目标；（2）减少当前状态和目标状态之间的差距；（3）监测追求幸福目标的进程。这三个阶段让追求幸福的过程变得简单明了。然而，研究发现，每一个阶段都存在幸福感降低的可能性。

设定幸福的目标常常是追求幸福的必要条件，但同样在这个阶段人们更容易犯错。首先，当人们对幸福的强度抱有过高的期待时，目标会更难以实现。比如，你无比期待并精心策划了一场跨年派对，当舞台落幕、欢笑散去时，你开始回想派对中不尽人意的细节，原本抱有高期待的你是否有些许失落？其实幸福有时唾手可得，只是因为过高的标准和要求让我们与幸福失之交臂。其次，过于频繁地设定目标或在不当的时间设定目标，都会导致幸福感的下降。

在调节阶段，研究者发现，缩小差距、实现目标的能力主要取决于人们情绪调节的有效性。然而，正追求幸福的人往往不能准确辨别并使用情绪调节策略。例如，大多数人认为把钱花在自己身上会感到更加幸福，但研究发现恰恰相反，把钱花在别人身上可以使自己获得更大的幸福。

个人在追求目标时会对进程进行实时监控，然而监控幸福目标反而会直接干扰人们的享乐体验。例如，研究者要求被试在聆听积极情绪较模糊的音乐时监测自己的幸福感，结果发现，进行自我监测的被试报告了更低的幸福感。此外，在监测过程中，对当前状态和目标状态的差异感知，可能会带来更多的负面情绪，使个体对追求的进程感到失望，并阻碍幸福的实现。

某热播美剧中的主人公 Otis 曾说："爱不是大手笔的告白，或是月亮、星星，爱只是狗屎运。有时你遇到和你有同样感受的人，有时你不够幸运，但总有一天你会遇到某个人，她欣赏真正的你。这个地球上有 70 亿人，我知道会有一个人，会为你爬上月亮。"

这不禁让我想起了一个故事。小狗问："妈妈，幸福在哪里？"

狗妈妈说:"幸福就在你的尾巴上。"于是小狗不断追着尾巴跑,但始终咬不到。狗妈妈笑道:"幸福不是这样得到的,只要你向前走,它就会一直跟随着你。"

在追求幸福的路上也是如此,太多的可遇不可求,最终都汇成了一句"得之我幸,不得我命"的感叹。然而,放下执念,以平和的心态面对多彩的生活,或许我们才能更幸福,或许我们才能有幸遇到那一份属于我们的"狗屎运"。

"如果你无比羡慕一样东西,那它多半还不属于你,即便侥幸得到你也接不住……我们得到一样东西常常是在意料之外或视之如常的时候。"

参考文献

Zerwas, F. K., & Ford, B. Q.. (2021). The paradox of pursuing happiness. *Current Opinion in Behavioral Sciences*, 39, 106-112.

(郭晶铭　段锦云)

18 "越美好越害怕得到"是一种什么体验?

…………

长大以后 我只能奔跑

我多害怕 黑暗中跌倒

明天你好 含着泪微笑

越美好 越害怕得到

每一次哭 又笑着奔跑

一边失去 一边在寻找

明天你好 声音多渺小

却提醒我 勇敢是什么

…………

这是牛奶咖啡的《明天,你好》的歌词。其中哪一句曾打动过你吗?"越美好,越害怕得到",你有没有觉得似曾相识?

成长很美好,但又充满了未知和挑战;我们既期待,但也会慌张和害怕。因此,我们必须学会勇敢。这是歌词的大意。刘同说,谁的青春不迷茫!何止青春,我觉得,谁的人生不迷茫呢!

让自己免受伤害是人的本性,当觉得某一事物(比如追求心仪的异性)可能会带来伤害时,我们会本能地启动这种自我保护机制。

我们向往，但又怕得不到。人，生而矛盾。其实何止人，所有事物莫不如此吧！也因此，哲学上有"悖论整合""矛盾是事物发展的源泉和动力""对立统一"等说法。

在追求一个目标的时候，我们的内心通常同时存在两种动机：趋近（approach）和回避（avoid）。当目标很远时，我们的趋近动机大于回避动机。随着目标（在时间上或程序上）越来越近，两类动机都增强，但回避动机增强的速度快于趋近动机。当目标临近时，趋近动机和回避动机之间的冲突变得更加明显，甚至产生回避动机超过趋近动机的情况，因而我们会感到害怕。

不难想象这样的情境：新娘在奔赴婚礼的路上放弃了，成了所谓的"逃跑新娘"；或者，程度轻一点的，随着结婚日期的临近，担忧反而多了起来，而此前没有这么紧张过。"婚前恐惧症"，大部分人都有。有人说，一个好的婚姻至少需要有一方对这段婚姻保持乐观。两情相悦是少数，是理想情况，但至少需要一方对另一方是爱着的，或至少有一方对未来是充满信心的，这样的婚姻才不会遭遇危机。

张爱玲说，人总是在接近幸福时倍感幸福，在幸福进行时却患得患失。

此类情况并不少见：当一件事情发生在别人身上，或者仅仅是给别人支招，我们通常会建议对方大胆去做；然而，如果同样的事情发生在自己身上，我们却变得犹豫起来，根本不如在建议别人时那么果决。

以往，我们习惯用"旁观者清"来解释类似现象。而在心理学上，可以用趋近-回避动机来解释这类现象。除此之外，还可以用解释水平（construal level）来解释。那就是：当事物是远距离的（时间和空间上遥远的以及他人的），人们更会看到主旨和意义；而对于近距离的事物，人们更会看到实施的种种步骤和细节。它们是不一样的，烦琐的步骤和细节当然更会令人却步。"评价是潇洒的，也是容易的；但真正去做，是困难的！"从这个意义上讲，做得好才是王道，再多的评价都是废话。

…………

美好的事物是每个人都乐于追求的，尤其是我们远远地看着它的时候；真到眼前了，我们难免又怕接不住。不过，在这方面也存在人和人之间的差异。那些能力超群、信心十足，或冲动型人格的人，就会好得多，他们的害怕不会那么强烈，甚至毫不畏惧。当然，对于难度小、容易掌控的事物，我们的害怕也没那么强烈，很可能是信心满满地等待它"到碗里来"。

回到成长的话题上来。人在成长过程中的确有太多的问题都是难题：选择学校和专业，择偶和结婚，就业和创业，等等。对于它们我们很少有必胜的信念或十足的把握，它们都有着太多的未知和不确定性。不过，容忍不确定性既是现代人之常情，更是未来人需面临之常态。让问题处于开放状态，在不清楚情况和条件不充分时，不急于给出答案，试着从可以做的事情做起，未尝不是解决问题的一种策略。

越美好，越害怕得到，你我皆矛盾如此，彷徨如斯。淡淡的忧虑，恬美的安静，也未尝不是一种美好的心境。但别忘了，勇敢和果决在前方向你招手。低头忧思，抬头勇敢，如何平衡，这本身又是一对矛盾。

参考文献

Trope, Y., & Liberman, N.. (2010). Construal-level theory of psychological distance. *Psychological Review*, 117(2), 440-463.

（段锦云）

19 做人最重要的就是开心吗?

2021 年 3 月 6 日,《奇葩说》第七季收官了,傅首尔如愿获得了"BBKing"的称号。这一期的辩题是"做人最重要的就是开心吗?"。看惯港片的观众估计会脱口而出"是啊,港片里都是这么说的",正如傅首尔所持的立场。

双方辩手辩得不痛不痒。当然,对一个针对大众的娱乐节目而言,内容也算相当不错了,毕竟节目的卖点更多还是娱乐大众。

那从心理学角度该怎么回答这个辩题呢?其实学界早有答案:那就是"否"!

研究发现:比起中等程度的快乐,极度快乐有更多的消极后果,如极度快乐的人更可能参与冒险行为,而热衷冒险显然不值得鼓励。

Barasch 等人(2016)的研究发现,非常快乐的人容易被选为竞争性谈判中的对手,这是因为他们被认为是更天真和更易利用的。天真(naive)与智慧相反,它是指个体缺乏关于生命的本质和多样性的认识。天真的人的特点是缺乏经验,它反映了个体由于缺乏经验学习不足,以及缺乏不能被正式讲出的隐性知识。因此,天真的个体常常缺乏解决现实问题的能力。

人们会从他人的情绪表达中推断个人的特质。研究发现，快乐的个体为了维系自身的快乐，更少寻找消极信息，并经常用一种浅显的方式加工消极信息。这种偏差性加工使人们认为，非常快乐的人是天真的，因此他们也更容易成为被利用的目标。

当然，以上说的是极其快乐等极端情况。

我们回归普通情况。快乐终究是人类的基本情绪，人们相信快乐能带来很多好处。过快乐和过有意义的生活，是人们在衡量和激励自己时的两个最普遍的目标，而其他细化的目标如健康、爱、事业成功以及养育子女等都可以涵盖在其中。

快乐和意义是理想生活的重要因素，它们既有很大的重合，相互关联，但又有不同的根源和影响。快乐的根源是需求和欲望得到满足，或很大程度上快乐是因为我们摆脱了不愉快的事情。意义相比快乐更加复杂，因为它在对跨越时间的情况做出解释时，需要根据抽象的价值观。

1. 什么是快乐，什么是有意义？

快乐当然可以有很多种理解，但通常被定义为一种主观快乐感，也就是说，是一种普适的积极情感基调的体验状态。它的引发点可能微小，也可能广大。一个人可能因为找回一只丢失的鞋子感到快乐，可能因为战争结束了感到快乐，也可能因为有一个好的生活而感到快乐。

快乐的情感平衡（affect balance）理论认为，快乐＝积极情绪－消极情绪，即一种愉快感多于不愉快感的情绪状态；而生活满意度（life satisfaction）理论认为，快乐是指调用一个人的生活整体而非瞬间情绪来进行的综合的、可测评的评价。

意义可以是一个纯粹的符号或语言现实,如一个单词的意义。因此,生活的意义这个问题是符号理念应用于生物现实的问题。也可以将意义假定为对一个人的生活是否有目标和价值的评估,这个评估既是认知上的,又是情感上的。

可以用这样一些问题来测量快乐(自我享乐)的水平:

- 你会经常感到开心吗?
- 你经常觉得生活充满乐趣吗?
- 你是否总觉得满足?

以下问题则用来测量意义感的水平(自我实现):

- 你是否经常认为人生是有方向、有意义的?
- 你是否经常感到自己对社会有所贡献?
- 你是否经常感到自己在某个社群/团体中有归属感?

2. 快乐和意义有哪些差异?

斯坦福大学的一项研究在为期一个月内调查了397名被试,测试了他们认为自己的生活是否快乐、是否有意义(这里并没有将特定的快乐和意义的定义强加于他们)以及其他的跟选择、信仰、价值观有关的题目。在"快乐是自然的,意义是文化层面上的"这一基础上,他们发现了快乐和意义之间的五个关键的差异点(见表1)。

- 关于得到需要的和想要的:需要得以满足是快乐感的一个可靠来源,但是与意义没有什么关系。比如,健康无疑是一个非常基本且普遍的需求,健康的人肯定比患病的人更快乐,但这并不意味着患病的人的生活缺少意义。
- 关于过去、现在和未来:快乐聚焦于现在,而意义则是将过去、现在和未来联系起来。当人们花时间思考过去和未来的时候，他们就会觉得自己的生活很有意义。反过来，如果人们仅仅关注现在，活在当下，他们就更快乐。

- 关于社会生活：和他人的联结对于快乐和意义都是很重要的。但是这些关系的根源却是它们的区别所在。深入的关系，如家庭关系，增加了意义；而与朋友待在一起增加了快乐，但对于生活的意义没有什么影响。因为与所爱的人在一起的时间往往涉及应对问题和挑战，而与朋友在一起的时间可能仅仅是培养感情并且无须担负责任。

- 关于苦难和压力：高度有意义的生活会遭遇很多能导致不快乐的消极事件和问题。养育孩子总体是令人愉悦的。但也与高水平的压力有关，所以也伴随着不快乐，但这种压力和所带来的不快乐却是有意义的。尽管压力小可能让人感到快乐，比如人退休后就再也没有工作压力了，但是生活的意义感也下降了。

- 关于自我和个人身份：如果快乐意味着得到想要的和需要的，那么意义则意味着表达和定义自己。有意义的生活更多地与有价值的自我意识，以及一个人在生活大环境和群体中的目标紧密相关。

表1　快乐和意义的部分差异

	时间关注点	社会生活	有无苦难和压力	自我和个人身份	回报	情绪状态
快乐	眼前	朋友	无	得到想要的	得到	空洞的积极情绪
意义	将过去、现在和未来联系起来	与所爱的人的深入关系	有	表达和定义自己	付出	深刻的平静，可理解的负面情绪

Fredrickson 等人（2013）发现，生活得很快乐但几乎不追求人生意义的人，和那些长期身处逆境的人的基因表达模式非常相似。这些处于被 Fredrickson 称作"空洞的积极情绪"的快乐状态的人，其身体却一直在为预防细菌威胁做准备，促炎反应会变得活跃。也就是说，即便他们并未患病，身体也会调动自己处于一种"炎性反应状态"，以抵御可能会患病的风险。如此，长期处于炎性状态的身体，罹患心脏病和癌症的风险将会更高。

此前的研究发现，长期处于逆境的人有某种特定的基因表达模式。当人们感到非常孤独，比如为爱人的逝去而悲痛，或勉强维持生计时，他们的身体也会进入"威胁模式"（threat mode）。这会触发与压力相关的基因模式：促炎基因变得活跃起来，同时，与抗病毒反应相关的基因的活性会下降。简单来说就是，处于逆境中、感到孤独和悲伤的人，得炎症和受到病毒感染的概率会比一般人要高。而如果你是社交达人，拥有很多健康的社会关系，身体中就会形成抵御病毒入侵的抗体，以防范与大量人员接触可能导致的病毒，如传染病等。

以下四种人在基因的表达模式上是一致的：（1）长期身处逆境的人，（2）患有双向障碍且处于躁狂状态的人，（3）在酒精和药物的作用下进入人为诱导的欢快状态的人，（4）还有那些觉得生活中充满了享受快乐的人。他们的免疫系统一样容易主动激发炎症，从而增加他们罹患重大疾病的风险。

所以，单纯追求快乐是不够的，如果想要活得更久，人们还需要追求意义！

3. 兼顾快乐和意义

在生活中，很大一部分人都过着有意义但不怎么快乐的生活。他们集中体现为从事困难的事业，如护理工、社会工作者甚至是激进主义者。这意味着生活中可能有许多的担忧、争吵和焦虑。过着这样生活的人，花费大量时间思考过去和未来：他们期望做很多的深入思考，想象未来，并且回顾过去的苦难和挑战。他们认识到，自己比别人有更多的不愉快经历。事实上过着有意义的生活的人中有 3% 是因为有糟糕的事情发生在他们身上。这种生活通常不被认为是值得仿效的。但是，那些牺牲了个人享乐来积极投身于社会的人可能做出了大量贡献。培养和鼓励这样的人，弱化他们的不快乐感，是积极心理学应追寻的目标。

也有一部分人过着高快乐感而相对低意义的生活。这样生活的人似乎相当无忧无虑，少有担忧和焦虑。如果他们争吵，他们也不觉得争吵反映了他们的现实心态。在人际关系中，他们是索取者而非给予者，他们很少思考过去和未来。这表明，没有意义的快乐感塑造了一种相对肤浅、固执己见，甚至利己主义的生活。在这种生活中，一切都很顺利，需求很容易得到满足，困难的或者任务繁重的复杂情况被避免了。

以上是两种极端情况，大多数的我们身处两极中间：快乐和意义兼有，其比例随着年龄和经验而变化。

如何让自己拥有高快乐感、高意义的理想生活，这是心理学家需要探讨和研究的，也是需要我们每个人去关注和思考的。

参考文献

Baumeister, et al.. (2013). Some key differences between a happy life and a meaningful life. *Journal of Positive Psychology*, 8（6）, 505-516．

Barasch, A., Levine, E.E., Schweitzer, M.E..（2016）. Bliss is ignorance：how the magnitude of expressed happiness influences perceived naiveté and interpersonal exploitation. *Organizational Behavior and Human Decision Processes*, 137.

Fredrickson, B. L., et al..（2013）. A functional genomic perspective on human well-being. *Proceedings of the National Academy of Sciences of the USA*, 110（33）, 13684-13689．

（段锦云　徐婷婷）

回望过去，晚清时期的国人第一次看到电灯、火车、电话等，惊恐万分、视若神怪。即便是作为现代人的我们，早些年坐高铁时还担心有辐射，初次乘飞机时也是惴惴不安，虽然如今我们视这些如平常。

心理治疗领域有一种方法叫系统脱敏（systematic desensitization），也叫交互抑制，常常用来治疗恐怖症和其他焦虑症状。它采用层级放松的方式，鼓励当事人逐渐接近所害怕的事物，直到消除对该事物的恐惧感，即在引发焦虑的刺激物出现的同时让当事人做出抑制焦虑的反应。这种反应可以削弱直至最终切断刺激物与焦虑的条件联系，从而让心理层面的"疙瘩"松解，进而脱敏。

不管是否有心理障碍（虽然严格来说每个人都有不同程度的心理障碍），我们的心灵成长也都会经历各种脱敏过程。小时候上台发言看到人多就紧张，青少年时期看到好看的异性就不知所措，读大学时到了一个大城市对什么都敏感，生怕别人瞧不起自己……时过境迁，随着直接经历或间接经历（比如学习）的累增，这些敏感反应逐渐消退。

青少年时期我们大脑中可能会有很多条条框框，四十不惑，五十知天命，直至七十才随心所欲不逾矩。这又是一个系统脱敏的过程，也是我们的人生得以发展的过程。

以城市的诞生为标志，人类文明进程历经了好几千年，这一过程蜿蜒曲折，历经磨难，时有进退，但大的方向是在不断进步并走向光明的，所谓沧桑正道。与此同时，人类也经历了从自然崇拜，再到神权、王权，以及逐渐世俗化等不同时期。神权统治时期禁忌最多，在西方冒犯上帝会被处死，不承认地球是世界的中心会被烧死，信仰别的宗教会被视作异教徒，婚外情可能会被处死……王权时期稍好，但普通人在根本上也是无着落、无自由、无温饱的，稍有不慎，冒犯皇帝就会遭受刑罚甚至被株连九族。直至世俗化时代，人们才逐渐得以解放。如今，人们可以随意谈论宗教，谈论领导，在生活中也可以谈论以前的禁忌话题，无论是婚姻，还是性偏好等。这一切，也都是在去敏感化。

1917 年 11 月 7 日，马克斯·韦伯在德国慕尼黑做了《以学术为志业》的著名演讲。在这次演讲中他提出著名的祛魅（disenchantment）思想。这一重要事件标志着人类从思想上进入成年阶段。而祛魅，则成为脱敏的另一个注解。伴随而来的一个现象是，人们信仰宗教的比例在逐渐降低（当然数量依然庞大），而个人主义文化和新的价值体系在逐渐形成。

一切坚固的东西都在瓦解。人们不再执着于以往认为颠扑不破的真理。事实上，世界上可能根本不存在颠扑不破的僵化的真理，不断吸收新思想和适应新现实才能与时俱进。这恰如一个健康的身体。健康的身体通常意味着柔软、有弹性、没有肿块，开放、不挑食，吐纳自如。而实现这一结果通常意味着曾多有磨砺。

　　记得我读大学时，有男同学在运动场边议论跑步的女同学的身材，女同学不经意听见后便捂着脸跑开了，或还伴随着一句"不要脸"。如今，偶尔在课间听到男同学轻声议论旁边路过的女同学，女同学微微一笑自顾自地擦身而过。你看，你的女同学比我的是不是更可爱一点？社会发展了，人也更可爱了，这不就是我们渴望的世界吗？

图书在版编目（CIP）数据

开悟 / 段锦云等著. -- 北京：中国人民大学出版
社，2023.10
ISBN 978-7-300-32228-5

Ⅰ. ①开… Ⅱ. ①段… Ⅲ. ①心理学－通俗读物
Ⅳ. ① B84-49

中国国家版本馆 CIP 数据核字（2023）第 183235 号

开悟

段锦云　等　著

Kaiwu

出版发行	中国人民大学出版社		
社　　址	北京中关村大街 31 号	**邮政编码**	100080
电　　话	010 - 62511242（总编室）	010 - 62511770（质管部）	
	010 - 82501766（邮购部）	010 - 62514148（门市部）	
	010 - 62515195（发行公司）	010 - 62515275（盗版举报）	
网　　址	http://www.crup.com.cn		
经　　销	新华书店		
印　　刷	中煤（北京）印务有限公司		
开　　本	890 mm × 1240 mm　1/32	**版　　次**	2023 年 10 月第 1 版
印　　张	8.375 插页 2	**印　　次**	2023 年 10 月第 1 次印刷
字　　数	178 000	**定　　价**	69.00 元